Photoshop Illustrator

平面设计师速成

50例

万晨曦　尹小亮◎编著

清华大学出版社

北京

内 容 简 介

本书是一本集合了市面上较常见的平面设计商业案例的学习宝典，完成案例需交替使用 Adobe Photoshop 与 Adobe Illustrator 两款软件。本书案例涵盖字体设计、logo 设计、宣传页设计、电商设计、包装设计、宣传册与封面设计六大类别，全书通过 50 个商业案例演练和 630 多分钟视频演示，帮助读者掌握平面设计的方法和技巧，提升设计能力，轻松完成工作任务。

本书内容包含 Adobe Photoshop 与 Adobe Illustrator 两款软件的工具使用技巧、从 0 到 1 的项目解读思路、字体的设计技巧、简单高端的 logo 演变方法、文字排版的基本要领、如何在设计中增加行业属性、图片的正确选取、常见的平面印刷物料及设计方法等。希望读者学完以后可以举一反三，提升自身审美能力，掌握高效的设计方法，从而设计出更优秀的作品。

本书适合平面设计的初、中级读者阅读，包括设计爱好者、平面工作者、视频后期人员、精修人员、3D 效果设计者以及动画制作者等，也可以作为平面设计工作的辅助参考书。另外，本书除了纸质内容，随书资源包中还给出了书中案例的素材文件、效果文件、教学视频以及部分样机 PSD 文件，读者可扫描书中二维码及封底的"文泉云盘"二维码观看视频并下载资源。

图书在版编目（CIP）数据

Photoshop+Illustrator平面设计师速成50例 / 万晨曦，尹小亮编著. -- 北京 : 清华大学出版社，2024.
10. -- ISBN 978-7-302-67368-2

Ⅰ. TP391.4

中国国家版本馆CIP数据核字第2024BU3886号

责任编辑：贾小红
封面设计：秦　丽
版式设计：文森时代
责任校对：范文芳
责任印制：刘　菲

出版发行：清华大学出版社
　　　　　网　　　址：https://www.tup.com.cn，https://www.wqxuetang.com
　　　　　地　　　址：北京清华大学学研大厦A座　　　　　邮　　　编：100084
　　　　　社 总 机：010-83470000　　　　　　　　　　　邮　　　购：010-62786544
　　　　　投稿与读者服务：010-62776969，c-service@tup.tsinghua.edu.cn
　　　　　质 量 反 馈：010-62772015，zhiliang@tup.tsinghua.edu.cn
印 装 者：小森印刷（北京）有限公司
经　　销：全国新华书店
开　　本：185mm×260mm　　　　　印　　张：17　　　　　字　　数：346千字
版　　次：2024年10月第1版　　　　　　　　　　　　　　　印　　次：2024年10月第1次印刷
定　　价：98.00元

产品编号：097354-01

前言
PREFACE

1. 软件简介

Adobe Photoshop 与 Adobe Illustrator 是 Adobe 公司推出的图像处理软件，前者被广泛用于图片、图像、图形、文字、视频处理以及对用其他软件制作的图片做后期效果加工，后者应用于出版、多媒体和在线图像的工业标准矢量插画制作等。本书将结合这两种软件，循序渐进地讲解案例的核心知识点，并通过大量实战演练，让读者在较短的时间内提升平面设计能力，设计出满意的作品。

2. 本书特色

内容全面：6 个平面设计行业类别 +50 个商业案例演练 +400 多张图片全程图解。

功能完备：书中讲解了两款软件的工具、命令、快捷键、选项、按钮等的使用方法，读者可轻松掌握。

案例丰富：630 多分钟视频讲解 +60 多个操作技巧，帮助读者步步精通，成为平面设计领域的佼佼者。

3. 本书内容

第 1 章为字体设计，讲解了标准字体和普通印刷字体的差异，设计人员需要熟知用户所属行业的调性，对字体的形态进行有针对性的设计，巧妙运用线条和图形来设计美观的字体。

第 2 章为 logo 设计，模拟工作中的商业案例，讲解如何分析客户的需求，了解设计的产品，提取设计所需要的关键词，从而发挥智慧，从产品的首字母、形象、颜色属性等方面入手，将想法逐一记录，设计出富有意义的 logo。

第 3 章为宣传页设计，内容包含多种日常生活中所见的印刷物料的制作，如优惠券、名片、折页、宣传单、海报、展架等，讲解如何选取对应的图片、文字的排版和选取、画面的布局等知识。

第 4 章为电商设计，介绍了电商相关设计任务，讲解如何掌握产品的调性和类别，把控画面的整体风格和视觉呈现，从而提升视觉效果；分析并结合产品卖点和用户需求，设计主图和 banner 等。

第 5 章为包装设计，介绍了包装袋、包装盒等的设计与制作方法，讲解了包装的印刷颜色模式、尺寸设置、产品和图片的选取、文字排版以及画面的布局等。

第 6 章为宣传册与封面设计，主要讲解宣传册页面的设置、封面的设计方法和画面布局等知识。

4. 作者售后

本书中的案例由尹小亮原创设计并进行文字编写，由万晨曦进行视频讲解。由于作者水平有限，书中难免有疏漏之处，恳请广大读者批评、指正。读者可扫描封底的"文泉云盘"二维码领取案例资料和讲解视频，还可找到作者联系方式，与我们交流沟通。

5. 版权声明

本书所采用的图片素材仅为说明（教学）之用，绝无侵权之意，特此声明。

6. 特别提醒

学习本书内容建议安装 Photoshop 和 Illustrator 的 2019 及以上版本，若打开本书素材包时出现链接素材缺失的情况，可在源素材文件夹中找到该素材并进行替换，或者联系作者帮助解决。

万晨曦　尹小亮
2024 年 8 月

Ps│Ai

Photoshop+Illustrator

平面设计师速成 50 例

目录
CONTENTS

CHAPTER

1

第 1 章

字体设计

1.1	促销字体设计	002
	案例 1　"今日开抢"字体设计	002
	案例 2　"年终大促"字体设计	009
	案例 3　"双 12 购物狂欢"字体设计	016
1.2	线条字体设计	020
	案例 4　"漓江女孩"字体设计	020
	案例 5　"蒙娜丽莎"字体设计	023
	案例 6　"时空之旅"字体设计	028
1.3	书法字体设计	031
	案例 7　"中国"书法字设计	032
	案例 8　"万物复苏"书法字设计	039
	案例 9　"设计党"书法字设计	047
1.4	硬笔字体设计	066
	案例 10　"热血高校"字体设计	067
	案例 11　"超能战队"字体设计	072
	案例 12　"潮流不止"字体设计	076
1.5	哥特字体设计	079

案例 13　"古墓丽影"字体设计　079

案例 14　"海盗船"字体设计　081

案例 15　"镇魂曲"字体设计　084

1.6　花体字设计　087

案例 16　"生如夏花"字体设计　087

案例 17　"堤曼可苏"字体设计　091

案例 18　"野蛮女友"字体设计　093

CHAPTER

2

第 2 章
logo 设计

2.1　字母 logo 设计　097

案例 19　"雷京物流"logo 设计　097

案例 20　"美达影业"logo 设计　101

案例 21　"威 V 男装"logo 设计　109

2.2　线性 logo 设计　112

案例 22　"齐灵文创"logo 设计　112

案例 23　"大象灯泡"logo 设计　117

案例 24　"艳丽鲜花"logo 设计　121

2.3　动物 logo 设计　126

案例 25　"松鼠文化"logo 设计　127

案例 26　"北极熊"logo 设计　130

案例 27　"猩星健身"logo 设计　134

2.4　正负形 logo 设计　139

案例 28　"企鹅与字母 P"logo 设计　139

案例 29　"猫与字母 A"logo 设计　142

案例 30　"狐狸与字母 L" logo 设计　146

2.5　三维空间 logo 设计　148

案例 31　"SPACE" logo 设计　149

案例 32　"UCUBE" logo 设计　152

2.6　人物肖像 logo 设计　155

案例 33　"万老师肖像" logo 设计　155

案例 34　"COWBOYBUSY" logo
　　　　　设计　159

CHAPTER

3

第 3 章

宣传页设计

案例 35　"10 元优惠券"设计　167

案例 36　"名片"设计　170

案例 37　"企业三折页"设计　174

案例 38　"教育宣传单"设计　180

案例 39　"高考海报"设计　184

案例 40　"音乐节活动主视觉海报"
　　　　　设计　190

案例 41　"汽车广告"设计　195

CHAPTER

4

第 4 章

电商设计

案例 42　"面膜产品主图"设计　200

案例 43　"医用产品主图"设计　203

案例 44　"水果 banner"设计　211

案例 45　"投资理财胶囊 banner"
　　　　　设计　216

CHAPTER

5

第 5 章
包装设计

案例 46   "黄桃罐头瓶贴" 设计   225

案例 47   "薯片包装袋" 设计   231

案例 48   "口罩包装盒" 设计   237

CHAPTER

6

第 6 章
宣传册与封面设计

案例 49   "企业宣传册" 设计   243

案例 50   "散文诗集封面" 设计   248

第 1 章

字体设计

精心设计的标准字体与普通印刷字体的差异，除了外观造型不同，更重要的是精心设计的标准字体是根据企业或品牌的个性而打造的，对字体的形态、笔触的粗细、字间的连接与配置、统一的造型等都做了细致、严谨的规划，比普通字体更加美观，更具特色。

1.1　促销字体设计

促销文字的目的性较强，主要用于吸引顾客，因此字体要设计得夸张，便于引人注意。

 "今日开抢"字体设计

本案例完成的最终效果如图 1.1 所示。

图 1.1

知识要点

1. 使用"钢笔工具"绘制字形线条，将填充转化为描边线条。
2. 绘制出笔画走势图形。
3. 将图形拖入画笔预设面板中，将其定义为艺术画笔，建议定义两个不同方向的画笔。
4. 框选字形线条，单击预设好的画笔进行替换。

重要工具

"钢笔工具" ✐ ，"平滑工具" ✐ ，"自由变换工具" ▣ 。

操作步骤

步骤 1　启动 Adobe Illustrator(Ai)软件，打开的界面默认是深色模式，如图 1.2 所示。如果想把颜色模式改为浅色模式，在"编辑"菜单中选择"首选项"-"用户界面"选项，打开"用户界面"设置页面，在"亮度"选项中选择最右边的浅色模式，单击"确定"按钮即可，如图 1.3 所示。

图 1.2

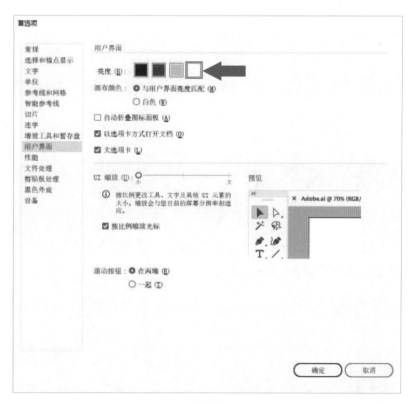

图 1.3

新建一个画板。选择菜单栏中的"文件"-"新建"选项，弹出"新建文档"对话框，在此设置新建图像的文件名、画板尺寸、单位以及颜色模式，单击"创建"按钮，如图 1.4 所示。

图 1.4

步骤 3 下面开始设计"今"字。选择工具栏中的"钢笔工具"，在画板中先单击一个点，再单击另一个点并拖曳，形成曲线，如图 1.5 所示。

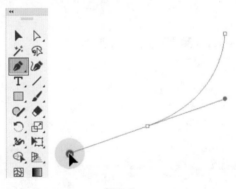

图 1.5

步骤 4 在工具栏中单击下方的"转换"按钮，将填充色转换成描边颜色，如图 1.6 所示。然后继续绘制"今"字剩余笔画，如图 1.7 所示。

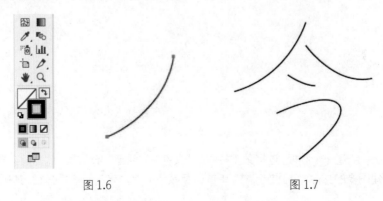

图 1.6   图 1.7

步骤 5 继续使用"钢笔工具" ，在画板中绘制一个上窄下宽的图形。选择工具栏中的"直接选择工具" ，单击图形中的任意锚点，移动它可改变图形的形状，如图 1.8 所示。

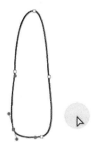

图 1.8

步骤 6 如果觉得图形边缘不平滑，可在工具栏中用鼠标左键按住"Shaper 工具" 不放，会显示出隐藏的"平滑工具"，如图 1.9 所示。框选绘制的图形，选择"平滑工具"，在图形周边进行涂抹，最终可得到边缘光滑的图形，随后将其转变为黑色填充，如图 1.10 所示。

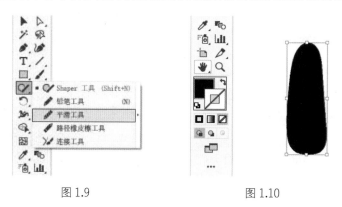

图 1.9   图 1.10

⚙ 小提示

绘制时如果发现图形或者线条不美观，可使用"平滑工具"进行调整。

步骤 7 框选步骤 5 的图形，拖曳两边的矩形框，使图形变窄，如图 1.11 所示。在工具栏中选择"自由变换工具" ，在选中图形的情况下按 Ctrl+Alt+Shift 组合键，同时按住鼠标左键将图形向两边拖拉，如图 1.12 所示。

图 1.11

宽：33.37 px
高：109.25 px

图 1.12

步骤 8 选择菜单栏中的"窗口"-"画笔"选项,这时会弹出"画笔"面板,如图1.13所示。

步骤 9 将步骤5绘制的图形拖入"画笔"面板中,这时会弹出"新建画笔"对话框,选中"艺术画笔"单选按钮,单击"确定"按钮,如图1.14所示。随即弹出"艺术画笔选项"对话框,设置"方向"为 (向上箭头),单击"确定"按钮,得到"艺术画笔1",如图1.15所示。

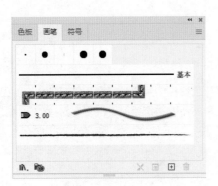

图1.13

图1.14

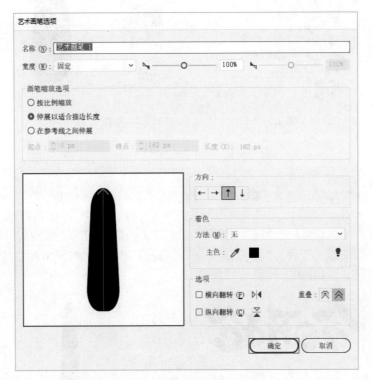

图1.15

步骤 10 用同样的方法新建一个"方向"为 (向下箭头)的"艺术画笔2",如图1.16所示。

艺术画笔选项

名称 (N)：艺术画笔 2

宽度 (W)：固定 ∨　↘ ──○────── 100%　↘ ──────○── 100%

画笔缩放选项

○ 按比例缩放

● 伸展以适合描边长度

○ 在参考线之间伸展

起点：⌄ 0 px　　终点：⌄ 162 px　　长度 (X)：162 px

方向：

← → ↑ ↓

着色

方法 (M)：无 ∨

主色：✎ ■　　　💡

选项

□ 横向翻转 (F) ▷|◁　　　重叠：⌃ ⌃⌃

□ 纵向翻转 (C) ⤸

确定　　取消

图 1.16

⭐ **小提示**

可将任何图形自定义为画笔。可用预设好的画笔直接替换所绘制的线条，也可使用画笔工具直接绘制。

步骤 11　框选步骤 4 的"今"字线条，单击"艺术画笔 1"或"艺术画笔 2"进行替换（可根据想得到的效果选择），如图 1.17 所示。

图 1.17

步骤 12 如果觉得线条偏粗或偏细，可在属性栏中设置"描边"选项，案例中设置"描边"参数为 1.5pt，如图 1.18 所示。

图 1.18

步骤 13 选择菜单栏中的"对象"-"扩展外观"选项，将线条转换成图形，如图 1.19 所示。

图 1.19

步骤 14 观察得到的图形，会发现有非常多的锚点，这时可以选择菜单栏中的"对象"-"路径"-"简化"选项，如图 1.20 所示。随即会弹出一个可调节锚点数量的对话框，案例中的锚点数量为 6，可根据实际操作调整数量值，如图 1.21 所示。

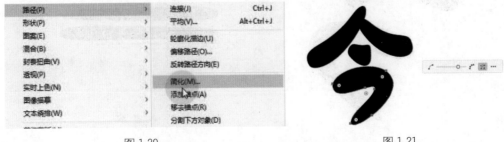

图 1.20　　　　　　　　　　　　　　　　　图 1.21

步骤 15 在工具栏中选择"快速选择工具" ▶，移动锚点，当发现绘制的图形不平滑时，使用"平滑工具"进行涂抹，"今"字的最终设计效果如图 1.22 所示。

图 1.22

其他 3 个字都采用同样的方法进行设计，这里不再赘述。

⭐ 小技巧

在设计过程中还要注意字与字之间的留白，尽量让字与字之间有一种衔接感。

案例
2 "年终大促"字体设计

本案例完成的最终效果如图 1.23 所示。

图 1.23

✨ 知识要点

1. 绘制每个字的字形线条。
2. 使用"钢笔工具"绘制笔画走势图形，建议定义两个不同方向的艺术画笔。
3. 选择"扩展外观"选项可使画笔线条转变为填充图形。
4. 对于图形不美观处，可使用"平滑工具"进行涂抹。
5. 绘制"大"字时有部分线条需要用"剪刀工具"断开。
6. "大"字的部分笔画走势需要由粗到细再到粗。

📐 重要工具

"钢笔工具" 🖊，"直接选择工具" ▶。

📚 操作步骤

本案例主要针对"年"和"大"字进行讲解，其他文字可使用同样方法进行设计。

步骤 1　在Illustrator中新建一个画板。选择菜单栏中的"文件"-"新建"选项，弹出"新建文档"对话框，设置新建图像的文件名、画板尺寸、单位以及颜色模式，单击"创建"按钮，如图 1.24 所示。

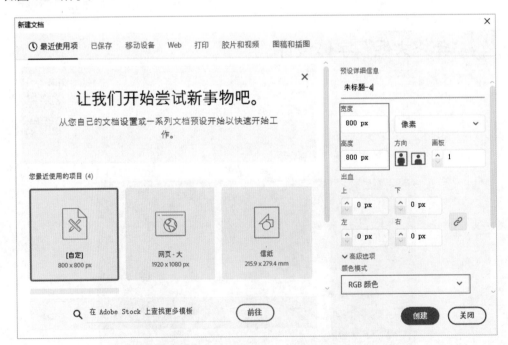

图 1.24

步骤 2　在工具栏中选择"钢笔工具" 🖊，在画布空白处绘制一个四边形，然后将其转变为黑色填充，如图 1.25 所示。

⚙ **小提示**

四边形的形状将决定字体笔画走势，建议由宽到窄。

步骤 3　选择菜单栏中的"窗口"-"画笔"选项，这时会弹出"画笔"面板，如图 1.26 所示。

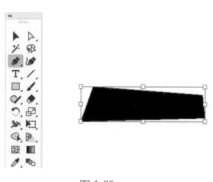

图 1.25　　　　　　　　　　　　　　　　　　　　图 1.26

步骤 4　将步骤 2 的图形拖入"画笔"面板中，这时会弹出"新建画笔"对话框，选中"艺术画笔"单选按钮后单击"确定"按钮，如图 1.27 所示。随即弹出"艺术画笔选项"对话框，将"方向"改为 → （向右箭头），单击"确定"按钮，得到"艺术画笔 1"，如图 1.28 所示。

图 1.27　　　　　　　　　　　　　　　　　　　　图 1.28

步骤 5　用同样的方法新建一个"方向"为 ← （向左箭头）的"艺术画笔 2"，如图 1.29

所示。

图 1.29

步骤 6 选择"钢笔工具" ，在画板空白处绘制"年"的字形线条，如图 1.30 所示。框选"年"的字形线条，单击"艺术画笔 1"或"艺术画笔 2"进行替换（可根据想得到的效果选择），如图 1.31 所示。

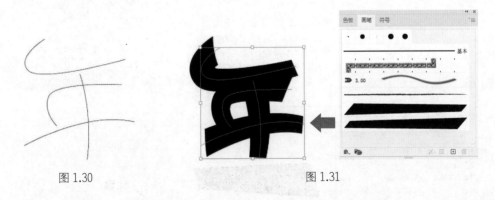

图 1.30   图 1.31

🔲 小提示

如果觉得替换后的形状并不美观，可使用"直接选择工具"移动锚点进行调整。

步骤 7 如果觉得线条偏粗或偏细，可在属性栏中设置"描边"选项，这里设置"描边"参数为 0.75pt，如图 1.32 所示。

步骤 8 框选步骤 6 的图形，选择菜单栏中的"对象"-"扩展外观"选项，将线条转变为图形，如图 1.33 所示。

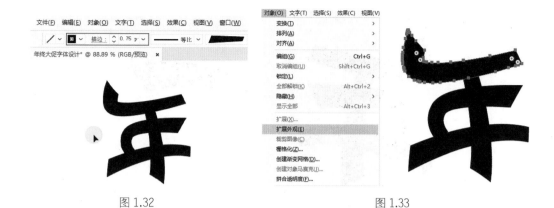

图 1.32   图 1.33

步骤 9   如果发现得到的图形锚点数量过多，可选择菜单栏中的"对象"-"路径"-"简化"选项，如图 1.34 所示。这时会弹出调节锚点数量的对话框，这里保持默认设置，单击空白处，效果如图 1.35 所示。

图 1.34   图 1.35

步骤 10   这时如果发现锚点两头出现曲柄，可用鼠标左键按住"钢笔工具"不放，选择"锚点工具"，如图 1.36 所示。然后单击锚点，可去除两头的曲柄，如图 1.37 所示。

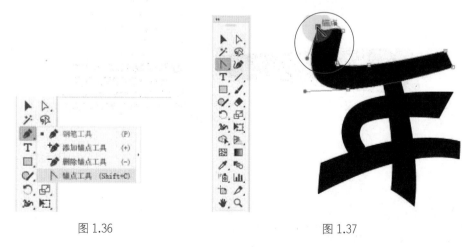

图 1.36   图 1.37

步骤 11   选择"直接选择工具" ▷，在图形不美观处移动锚点，改变"年"字的形状，如图 1.38 所示。

步骤 12 选择"钢笔工具" ✐，在画板空白处绘制"大"字的线条，如图 1.39 所示。

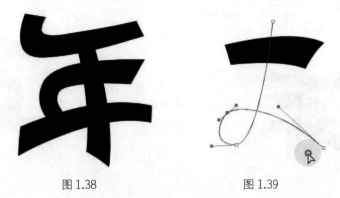

图 1.38　　　　　　　　　　　　图 1.39

步骤 13 用鼠标左键按住"橡皮擦工具"不放，会显示"剪刀工具"，如图 1.40 所示。选择"剪刀工具"，在"大"字的线条上单击，可将其切断成两根线条，如图 1.41 所示。

图 1.40　　　　　　　　　　　　图 1.41

步骤 14 使用"钢笔工具" ✐ 绘制由宽到窄的四边形，沿用步骤 4 的方法再定义两个不同方向的画笔，分别是"艺术画笔 3"和"艺术画笔 4"，如图 1.42 所示。

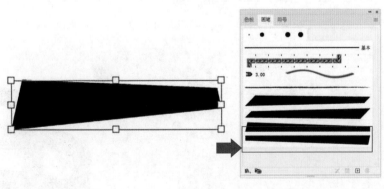

图 1.42

📁 小提示

此次定义的画笔图形要比之前的更加窄小。

步骤 15 框选步骤 13 中被切断的两根线条，分别将其替换为"艺术画笔 3"和"艺术画笔 4"，效果如图 1.43 所示。

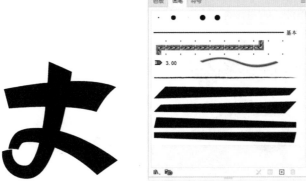

图 1.43

🌸 小提示

　　替换后的图形走势需像图 1.43 中一样由粗到细再到粗。

　　步骤 16　框选步骤 15 的线条，选择菜单栏中的"对象"–"扩展外观"选项，使线条转变为图形，如图 1.44 所示。

图 1.44

　　步骤 17　拖拉部分图形，使其对齐，再使用"钢笔工具" ✏ 在图形缺口处进行填补，如图 1.45 所示。然后选择菜单栏中的"窗口"–"路径查找器"选项，弹出"路径查找器"面板，如图 1.46 所示。

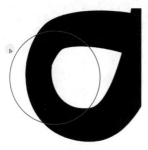

图 1.45

图 1.46

步骤 18 框选步骤 17 的图形，单击"路径查找器"面板中的"联集"按钮，可将多个图形相加成一个整体，如图 1.47 所示。

图 1.47

🌸 小提示

对于图形中的不美观处，可使用"平滑工具"进行涂抹。锚点过多时，可在菜单栏中选择"简化"选项，然后进行设置。

案例 3 "双 12 购物狂欢"字体设计

本案例完成的最终效果如图 1.48 所示。

图 1.48

🔳 知识要点

1. 使用"钢笔工具"绘制每个字的字形结构。

2. 设置"描边"选项可调节线条的粗细。

3. 选择"扩展"选项可以将线条转变成图形。

操作步骤

本案例主要绘制"狂"和"欢"两个字，其他文字可使用相同方法进行设计。

步骤 1 在 Illustrator 软件的菜单栏中选择"窗口"–"图层"选项，将弹出"图层"面板，如图 1.49 所示。

步骤 2 为方便操作，单击"图层"面板右下方的"创建新图层"按钮 ⊞，选择背景图层（即"图层 1"），单击"锁定"按钮 🔒，将其锁定，如图 1.50 所示。

图 1.49

图 1.50

步骤 3 如果在彩色背景上直接绘制，可将鼠标指针移动至"图层 2"后右键双击，这时会弹出"图层选项"对话框，在"颜色"下拉列表框中选择合适的颜色属性，案例中选择的是"中度蓝色"，单击"确定"按钮，如图 1.51 所示。

步骤 4 使用"钢笔工具" ✏️ 绘制一条斜线，如图 1.52 所示，按住 Ctrl 键的同时单击画板空白处可取消选择"钢笔工具"。

图 1.51

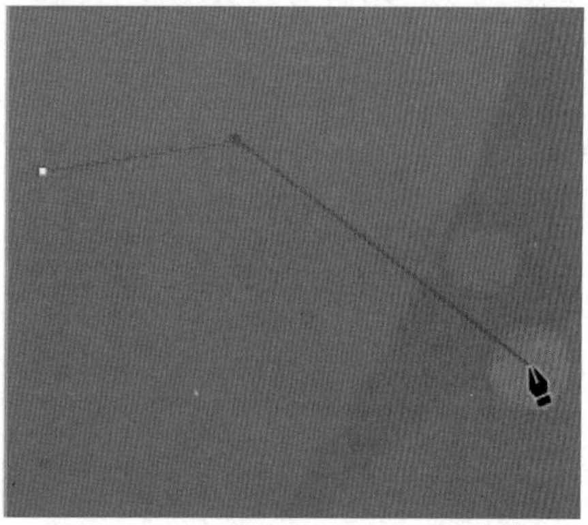

图 1.52

步骤 5 单击"填充"选项旁的箭头按钮，在下拉面板中选择"[无]"，如图 1.53 所示。再单击"描边"选项旁的箭头按钮，在下拉面板中选择"黑色"，如图 1.54 所示。

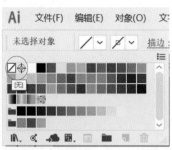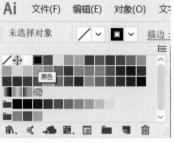

图 1.53　　　　　　　　　　　图 1.54

步骤 6　在属性栏中单击"描边"右侧的属性框，在下拉列表中选择 4pt，该选项可用于调节描边的粗细，如图 1.55 所示。

图 1.55

步骤 7　继续绘制"狂欢"的字形结构，如图 1.56 所示。如需要绘制曲线笔画，选择"钢笔工具" 后，单击第二个点时不松手进行拖拉，即可形成曲线，如图 1.57 所示。

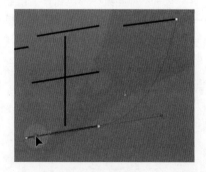

图 1.56　　　　　　　　　　　图 1.57

⭐ 小提示

绘制"狂欢"两个字时，可参考案例中的笔画走势，也可根据个人想法进行创意绘制。

步骤 8　框选步骤 7 的线条，将"描边"数值设置为 50pt，如图 1.58 所示。也可根据实际效果改变数值。

步骤 9　框选步骤 8 的线条，选择菜单栏中的"对象"-"扩展"选项，将线条转变成图形，如图 1.59 所示。

图 1.58

图 1.59

🌼 小提示

在扩展前确保没有填充色。

步骤 10 选择"直接选择工具" ▷，框选部分图形中的部分锚点，按键盘中的方向键，对其进行移动，直至得到图 1.60 所示效果。

🌼 小提示

图形中的斜边必须保持相同的倾斜度和间距，部分笔画图形可通过移动锚点改变形状，制作出夸张的效果即可。

图 1.60

其他文字可采用相同的方法进行创建，这里不再赘述。

1.2　线条字体设计

线条类型的字体秀丽柔美，字形清新，线条流畅，给人以华丽之感，此种类型的字体多用于表现化妆品、饰品、日常生活用品等主题。

 案例4　"漓江女孩"字体设计

本案例完成的最终效果如图 1.61 所示。

图 1.61

❖❖ 知识要点

1. 使用"钢笔工具"绘制字形结构。
2. 使用"直接选择工具"框选锚点,可调整位置。
3. 对于歪扭的字体笔画,可使用属性栏中的"对齐"进行调整。
4. 使用"镜像工具"可将部分笔画复制出反方向的一模一样的图形。
5. 选择描边属性中的"圆头端点"和"圆角连接",可改变线条的特征。
6. 在选择"直接选择工具"的情况下,单击尖角锚点,可移动"圆角半径",将尖角变成圆角。

✏ 重要工具

"钢笔工具" 🖊, "镜像工具" ▷◁, "直接选择工具" ▷。

⬙ 操作步骤

步骤 1　在 Illustrator 软件中选择工具栏中的"钢笔工具" 🖊,在新建画板的空白处绘制"漓江"的字形线条,如图 1.62 所示。

💠 小提示

对于"漓江"两个字中的三点水偏旁,可在绘制一个之后,按住 Alt 键单击并拖曳,复制出另一个。

步骤 2　如果出现白色填充,在工具栏下方的"互换填色和描边"处单击"无"按钮,即可把填充色去除,如图 1.63 所示。

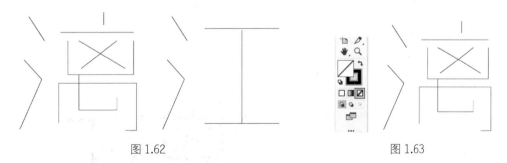

图 1.62　　　　　　　　　　　　　　　　图 1.63

步骤 3　框选步骤 1 的字形,将"描边"值改为 5pt。选择"直接选择工具"后框选字体的部分锚点,单击属性栏中的"对齐"按钮,即可将锚点对齐,如图 1.64 所示。

💠 小提示

字形笔画的间距要合适,并且笔画的上下结构要居中,不可歪扭。

图 1.64

步骤 4   对于"漓"字右侧上半部分中间的"×"笔画，为了方便对称，可先将其一边删除，然后单击工具栏中"旋转工具"右下角的小三角，在弹出的列表中选择"镜像工具"，如图 1.65 所示。双击"镜像工具"，将弹出"镜像"对话框，选中"垂直"单选按钮后单击"复制"按钮，如图 1.66 所示。

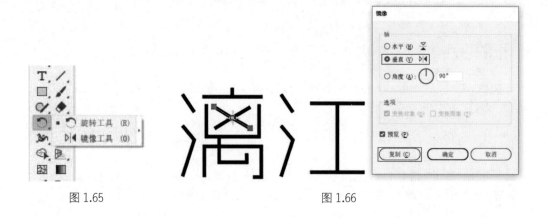

图 1.65   图 1.66

⭐ 小提示

　　为了保持字体的美观，两个字高度和宽度在视觉上要一致，如果不一致，可通过移动锚点进行调整。

步骤 5   单击属性栏中的"描边"，在下拉面板的"端点"中选择"圆头端点"，在"边角"中选择"圆角连接"，如图 1.67 所示。

图 1.67

步骤 6   选择工具栏中的"直接选择工具"，单击锚点，当出现"圆角半径"图标 ⊙ 时，单击并拖曳可使尖角变成圆弧，如图 1.68 所示。用同样的方法将字体中的所有尖角处变成圆角，如图 1.69 所示。

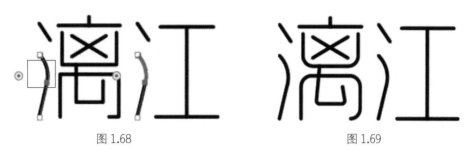

图 1.68   图 1.69

⭐ **小提示**

圆角弧度可根据字体的美观程度进行调整，不宜过大。

本案例只针对较为复杂的"漓江"两个字进行实战操作，剩余文字均采用同样的方式进行设计，这里不再赘述。

案例 5 **"蒙娜丽莎"字体设计**

本案例完成的最终效果如图 1.70 所示。

图 1.70

❖❖知识要点❖

1. 使用"钢笔工具"绘制出字形结构。

2. 使用"对齐"功能使锚点对齐。

3. 对"蒙"字中间部分做连接处理。

4. 用"钢笔工具"在线条处单击，可创建新的锚点。

5. 在选择"直接选择工具"的情况下，框选尖角部分的锚点，通过拖拉"圆角半径"图标，可将尖角部分变成圆角曲线。

6. "娜"字右边偏旁结构复杂，可删除部分线条，简化字体。

7. 为保证字体美观和规整，每个字都需要具备相同的特征。

重要工具

"直接选择工具" ，"钢笔工具" 。

操作步骤

步骤 1　在 Illustrator 软件中选择工具栏中的"钢笔工具" ，在画板空白处绘制"蒙娜"两个字的字形结构，在属性栏的"填充"颜色面板中选择"[无]"，去掉填充色，仅保留黑色描边，如图 1.71 所示。

图 1.71

步骤 2　选择"直接选择工具" ，框选部分锚点，结合属性面板上的"对齐"选项，使锚点对齐，如图 1.72 所示。

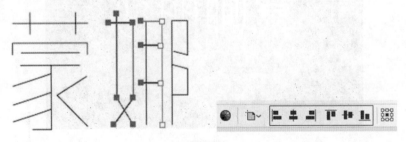

图 1.72

⭐ 小提示

尽量使两个字的宽高比例在视觉上保持一致。

步骤 3 框选步骤 1 的字形，在属性栏中设置"描边"的值为 10pt，如图 1.73 所示。

图 1.73

步骤 4 单击属性栏中的"描边"，在弹出的面板中单击"圆头端点"和"圆角连接"，如图 1.74 所示。

图 1.74

步骤 5 分析"蒙"字的笔画结构，可进行一些设计。选择"直接选择工具" ▷，框选图中的两个锚点，再在菜单栏中选择"对象"–"路径"–"连接"选项，将两个端点连接起来，如图 1.75 所示。

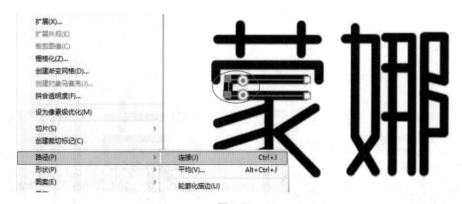

图 1.75

步骤 6 在选中"直接选择工具" ▷ 的情况下，框选步骤 5 的两个锚点，当出现"圆角半径"图标 ◉ 时，单击并拖拉，形成圆角，如图 1.76 所示。

图 1.76

步骤 7 选择"钢笔工具" ✐，在图 1.77 中的线条位置处单击，创建新的锚点，再按键盘的向下键，将锚点往下移动一小段距离。切换到"直接选择工具" ▷，拖动"圆角半径"图标 ◉，使线条变成圆弧形状，如图 1.78 所示。

图 1.77

图 1.78

步骤 8 框选步骤 7 的线条，按 Alt 键单击并拖曳，复制两份，调整至合适位置，如图 1.79 所示。

📷 小提示

笔画之间的间隔不能过于紧密，要有呼吸感。

步骤 9 选择"直接选择工具" ▷，框选"娜"字的"女"字旁两边尖角锚点，单击并拖拉"圆角半径"图标，使之变成圆角，如图 1.80 所示。

图 1.79

图 1.80

步骤 10 为了保持字体笔画的特征一致，选择"钢笔工具" ✐，在"娜"字下方竖线处单击绘制线条，再拖拉"圆角半径"图标，使其变成圆角曲线，如图 1.81 所示。

图 1.81

步骤 11 "娜"字最右边的笔画略微复杂，可选择其中的锚点，将横线删除，如图 1.82 所示。之后框选尖角部分的锚点，单击并拖拉"圆角半径"图标，使其变成圆角曲线，如图 1.83 所示。

图 1.82    图 1.83

⬛ 小提示

在设计字体的过程中，对于结构复杂的字，可适当删除一些笔画，但不能影响字体的辨识度。

步骤 12 选择"钢笔工具" ✐，在"蒙"字上方线条处单击绘制斜线，之后再将其转变为圆角曲线，如图 1.84 所示。

图 1.84

在设计字体的过程中，为了保持字体的美观程度和统一性，需要在每个字的字形上添加相同的特征。

剩余文字可采用相同的方法进行创建，这里不再赘述。

案例 6 "时空之旅"字体设计

本案例完成的最终效果如图 1.85 所示。

图 1.85

∷ 知识要点

1. 使用"钢笔工具"绘制基础字形。
2. 框选部分锚点，结合"对齐"功能，使字体更加规整。
3. 为使"之"的两个尖角更加美观，可通过添加锚点的方式将其变成圆角。
4. 字与字之间形成错位连接，使字体更有视觉冲击力。
5. 利用菜单栏中的"对象"-"路径"-"连接"选项，可使两端的锚点连接起来。
6. 拖动"圆角半径"图标，可使尖角变成圆角。
7. 为了提高字体的美观度和整体性，所有字体的相似处都应该具备相同特征。

✎ 重要工具

"直接选择工具" ▷ ，"钢笔工具" ✎ 。

操作步骤

本例使用 Illustrator 软件制作。该案例针对较为复杂的"之旅"两个字体进行实战演练，剩余字体可采取同样的设计方式完成。

步骤 1 在"描边"属性中输入 14pt，去掉填充，选择"钢笔工具" ，在画板空白处绘制"之旅"两个字的笔画结构，如图 1.86 所示。

图 1.86

小提示

在绘制过程中要注意每个字的比例在视觉上要保持一致。

步骤 2 在选中"直接选择工具" 的情况下，框选部分锚点，结合"对齐"功能，将锚点对齐，使字体更加规整，如图 1.87 所示。

图 1.87

步骤 3 "之"字中的两个尖角影响美观，这时可选择"钢笔工具" ，将鼠标指针移动至线条处，当出现"+"的图标时单击可以添加锚点，之后调整位置，如图 1.88 所示。

图 1.88

步骤 4 "旅"字右边的笔画结构较复杂，这时可以选择"直接选择工具" ，框选部分线条，将其删除，再重新绘制一条斜线，提升字体的识别度，如图 1.89 所示。

☑ 小提示

为了提升字体的设计感，可在字的部分笔画处做断开或连接处理。

步骤 5 框选"旅"字后，移动位置，使两个字之间有上下的错位感，如图 1.90 所示。

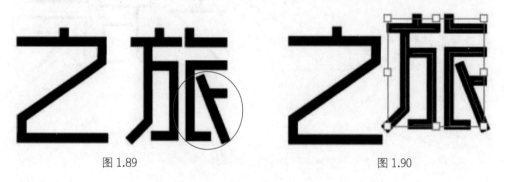

图 1.89   图 1.90

☑ 小提示

在字体设计过程中，可尝试将字体进行错位排列，巧妙运用连接的设计技巧，这样的字体更有视觉冲击力。

步骤 6 选择"直接选择工具" ，框选"旅"字下方锚点，移动至如图 1.91 所示位置。再框选交错的两个锚点，选择菜单栏中的"对象"-"路径"-"连接"选项，将两个锚点进行连接，如图 1.92 所示。

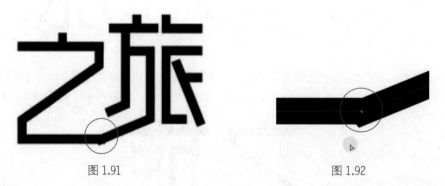

图 1.91   图 1.92

步骤 7 这时连接处会产生两个锚点，选择"钢笔工具" ，将鼠标指针移动至一个锚点处，当出现"-"的图标时单击，可删除锚点，如图 1.93 所示。

步骤 8 选择"直接选择工具" ，框选字的部分锚点，当出现"圆角半径"图标时，单击鼠标并拖拉，形成圆角，如图 1.94 所示。

步骤 9 选中"旅"字上方的一条线段，选择"钢笔工具" ，在线条处添加三个新的锚点，再单独选中中间的锚点，按 Delete 键将其删除，如图 1.95 所示。

图 1.93

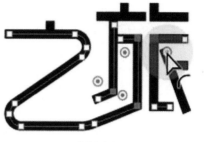

图 1.94

步骤 10 选择"直接选择工具" ，框选左侧的两端锚点，选择菜单栏中的"对象"-"路径"-"连接"选项，将两端锚点进行连接，之后再框选锚点，进行"底对齐"，如图 1.96 所示。

图 1.95

图 1.96

步骤 11 选择"直接选择工具" ，框选图 1.97 中位置的锚点，当出现"圆角半径"图标时，单击并拖拉，形成圆角。"之"字采取同样的方式添加特征。

图 1.97

⭐ 小提示

在字体设计过程中，各个字的特征要保持一致。

1.3　书法字体设计

书法字体的艺术观赏价值往往高于实用价值，通常用于表现古风、传统文化等题材，豪迈苍劲的书法字也常应用在商业海报中，能在点明主题的同时吸引消费者。

案例 **7** "中国"书法字设计

本案例完成的最终效果如图 1.98 所示。

图 1.98

知识要点

1. 根据笔锋的形状和走势选择笔触。
2. 可使用 Ctrl+T 组合键对笔触的大小进行缩放。
3. 可对笔触中多余的填充部分添加蒙版，再利用"画笔工具"擦除。
4. 框选多个笔触图层后，按 Ctrl+G 组合键进行编组。
5. 剪切蒙版时，金属纹理图层必须在文字图层的上方，并且鼠标指针必须放置在两个图层之间。

重要工具

"套索工具" ，"画笔工具" 。

操作步骤

该案例针对较难掌握的"国"字进行设计，"中"字可采取同样的方式制作。

步骤 **1** 在 Photoshop 软件中打开本书提供的笔触素材图片，选择"套索工具" ，框选笔触素材，按 Ctrl+C 组合键进行复制，如图 1.99 所示。新建一个 800 像素 ×800 像素的画板，并命名为"中国书法设计"，如图 1.100 所示。

图 1.99

图 1.100

步骤 2　在画板空白处按 Ctrl+V 组合键粘贴步骤 1 复制的素材，选中图层后按 Ctrl+T 组合键，当笔触周边出现矩形线框时右击，在弹出的快捷菜单中选择"水平翻转"选项，再调整笔画的位置，如图 1.101 所示。

💠 小提示

　　笔触素材粘贴后，可按 Ctrl+T 组合键对笔触大小进行缩放调整。

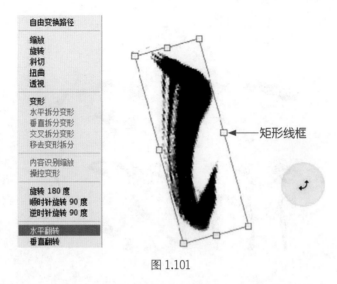

图 1.101

步骤 3 回到素材图片，使用"套索工具" ⊘ 框选笔触，如图 1.102 所示。复制并粘贴到"中国书法设计"画板中，调整位置和大小，如图 1.103 所示。

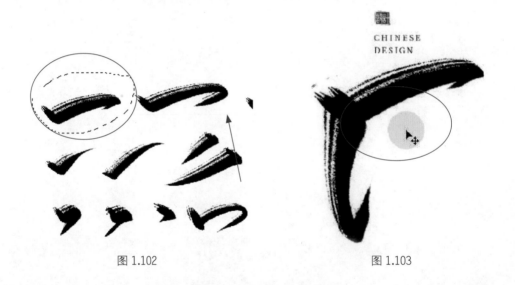

图 1.102　　　　　　　　　　　　　　　图 1.103

💠 小提示

笔触的选择并不是固定的，需根据文字整体效果进行选择。

步骤 4 再次使用"套索工具" ⊘ 框选素材图片中的笔触，如图 1.104 所示，复制并粘贴到"中国书法设计"画板中，调整位置和大小，如图 1.105 所示。

步骤 5 用同样的方法框选图 1.106 所示笔触，调整大小后呈现如图 1.107 所示的效果。

💠 小提示

在拼接过程中要注意笔触的位置和笔锋的走势。

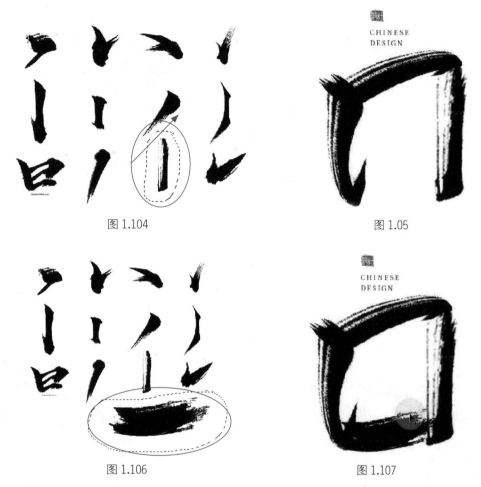

图 1.104　　　　　　　　　　　图 1.05

图 1.106　　　　　　　　　　　图 1.107

步骤 6　使用"套索工具" 框选素材图片中如图 1.108 所示的笔触，复制并粘贴到"中国书法设计"画板中，放置在如图 1.109 所示的位置。

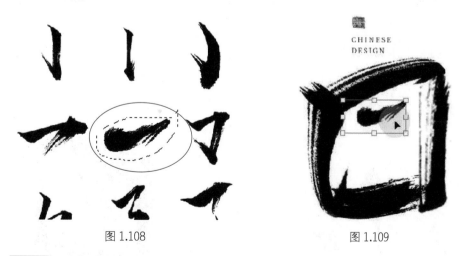

图 1.108　　　　　　　　　　　图 1.109

步骤 7　框选素材图片中如图 1.110 所示的笔触，复制并粘贴到"中国书法设计"画板中，调整位置，如图 1.111 所示。

图 1.110

图 1.111

步骤 8 单击"图层"面板左下方的"添加蒙版"按钮 ▣，这时图层右方会出现白色方块，单击选中白色方块，如图 1.112 所示。

步骤 9 选择"画笔工具" ✎，当出现白色圆形线条时移动鼠标，擦除图 1.113 所示的黑色填充部分，最终得到"口"字。

图 1.112

图 1.113

步骤 10 框选素材图片中如图 1.114 所示的笔触，复制并粘贴到"中国书法设计"画板中，调整位置，如图 1.115 所示。

图 1.114

图 1.115

步骤 11 依次框选素材图片中如图 1.116 所示的笔触，复制并粘贴到画板后调整位置和大小，效果如图 1.117 所示。

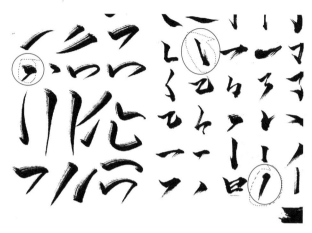

图 1.116　　　　　　　　　　　　　　图 1.117

步骤 12 选择"国"字所有笔触图层，按 Ctrl+G 组合键进行编组，如图 1.118 所示。再按 Ctrl+T 组合键调整位置和大小，使其与"中"字大小相同，如图 1.119 所示。

图 1.118　　　　　　　　　　　　　　图 1.119

⭐ **小提示**

在拼字过程中，注意笔画之间要留白。

步骤 13 选择金属纹理图片，将其拖入"中国书法设计"画板中，在"图层"面板中将其放置在"国"字书法编组的上方，如图 1.120 所示。将鼠标指针移动至两个图层的中间位置，按住 Alt 键，当出现向下的箭头图标时，单击就可以将金属纹理剪切进"国"字图层中，如图 1.121 所示。

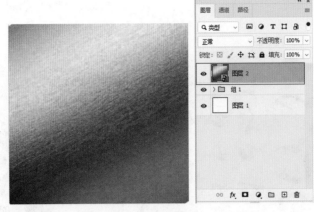

图 1.120

图 1.121

步骤 14 用同样的方法将"中"字做好后，选择金属纹理图层，按 Ctrl+J 组合键可复制一层，再放置在"中"字图层的上方，如图 1.122 所示。用同样的方式剪切进去，得到如图 1.123 所示的效果。

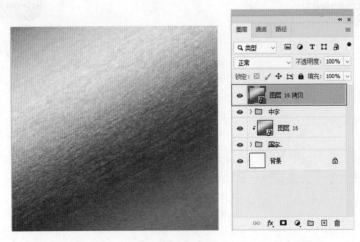

图 1.122

图 1.123

案例 8 "万物复苏"书法字设计

本案例完成的最终效果如图 1.124 所示。

图 1.124

知识要点

1. 根据笔锋的走势和形状选择笔触。
2. 对于不需要的填充部分，可先添加蒙版，再使用"画笔工具"擦除。
3. 使用"变形"后，移动四周锚点可使图形产生形变。
4. 拼接笔触时要注意字与字之间的留白和衔接关系。

重要工具

"套索工具" ⌀，"画笔工具" ✎。

操作步骤

本案例仅针对较复杂的"物"字进行设计，剩余的字均采用同样的方法进行拼接。

步骤 1　在 Illustrator 软件中打开本书提供的素材笔触 PSD 文件，检查笔触图层是否有误，如图 1.125 所示。新建一个 800 像素 ×800 像素的画板，并命名为"万物复苏"，如图 1.126 所示。接下来所有的拼字操作都在空白画板中进行。

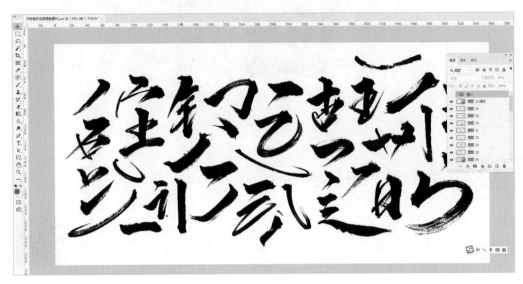

图 1.125

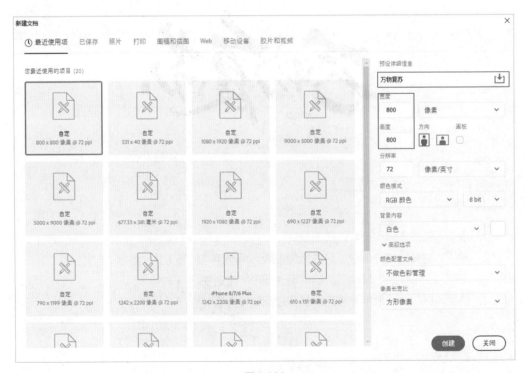

图 1.126

步骤 2 在笔触文件中找到"图层 23",如图 1.127 所示,将其拖曳至"万物复苏"画板中,并按 Ctrl+T 组合键调整其位置和大小,如图 1.128 所示。

图 1.127

图 1.128

⭐ **小提示**

寻找拼字用的笔触时,要注意笔触的走势和角度,不同笔触拼出来的效果各不相同。

步骤 3 在笔触文件中找到"图层 5",选择"套索工具" ρ.,框选部分填充图形,如图 1.129 所示。按 Ctrl+C 组合键复制,再切换到"万物复苏"画板中,按 Ctrl+V 组合键粘贴,调整笔触的位置和大小,如图 1.130 所示。

步骤 4 在笔触文件中找到"图层 27",单击并将其拖曳至"万物复苏"画板中,如图 1.131 所示。单击"图层"面板左下方的"添加蒙版"按钮 ❑,这时图层右方出现一个白色方块,单击选中白色方块,如图 1.132 所示。

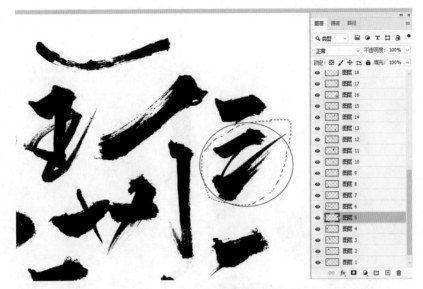

图 1.129

图 1.130

图 1.131

图 1.132

步骤 5 选择"画笔工具" ，当出现白色圆形线框时，单击并拖曳，擦除多余部分，如图 1.133 所示，再调整位置和大小，如图 1.134 所示。

图 1.133

图 1.134

步骤 6 在笔触文件中找到"图层 36",如图 1.135 所示。单击并将其拖曳至"万物复苏"画板中,选中该图层,右击,在弹出的快捷菜单中选择"栅格化图层"选项,如图 1.136 所示。

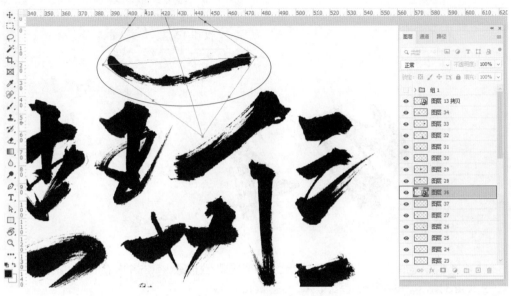

图 1.135

图 1.136

步骤 7 选中画板中的笔触,按 Ctrl+T 组合键,当出现矩形框时,右击,在弹出的快捷菜单中选择"变形"选项,如图 1.137 所示。然后调节锚点,进行变形,如图 1.138 所示。

步骤 8 在笔触文件中找到"图层 24",如图 1.139 所示。将其拖曳至"万物复苏"画板中,调整位置和大小,如图 1.140 所示。

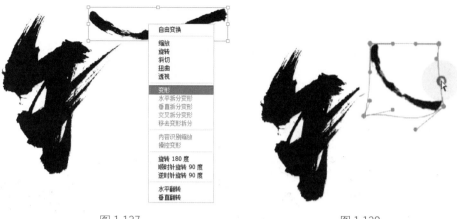

图 1.137   图 1.138

图 1.139

图 1.140

⭐ 小提示

步骤 8 中两个笔触的衔接部分可通过应用"变形"不断调整，多余的填充部分可通过蒙版擦除。

步骤 ⑨ 在笔触文件中找到"图层 13"，如图 1.141 所示，将其拖曳至"万物复苏"画板中，调整位置和大小，如图 1.142 所示。

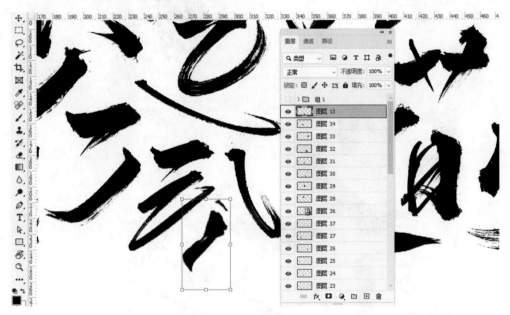

图 1.141

图 1.142

步骤 10 将"图层 29"拖曳至"万物复苏"画板中，调整位置、大小和角度，使得笔触末端有一个圆弧形态，如图 1.143 所示。单击"图层"面板下方的"添加蒙版"按钮，使用"画笔工具" 擦除多余填充部分，得到的效果如图 1.144 所示。

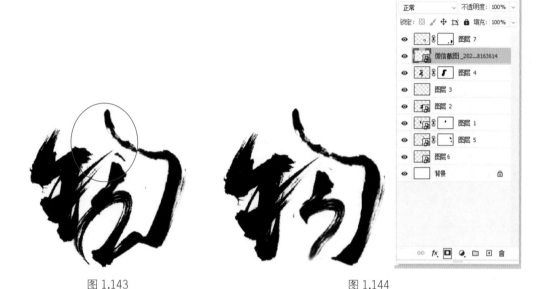

图 1.143   图 1.144

⭐ 小提示

如果发现拼接好的笔触出现部分填充缺失，可用其他笔触素材代替，并使用"画笔工具"擦除多余部分，直至得到最佳效果。

⭐ 小提示

要注意文字整体的走势，根据走势和大形体来调整文字之间的关系。对于单个字，要注意笔画之间的关系，各字的粗细笔势应一致。

案例 9 "设计党"书法字设计

本案例完成的最终效果如图 1.145 所示。

图 1.145

:❖ 知识要点

1. 使用"添加蒙版",再结合"画笔工具",可以将画板中不想要的部分擦除。
2. 利用笔触拼接文字时,要注意字形结构。
3. 利用"变形"功能可随意更改图形的形态。

◻ 重要工具

"套索工具" ₽,,"画笔工具" ✐。

⬚ 操作步骤

步骤 1 启动 Photoshop 软件,打开本书提供的笔触素材文件,并检查笔触图层是否有误,如图 1.146 所示。新建一个 800 像素 ×800 像素的画板,并命名为"设计党",如图 1.147 所示。

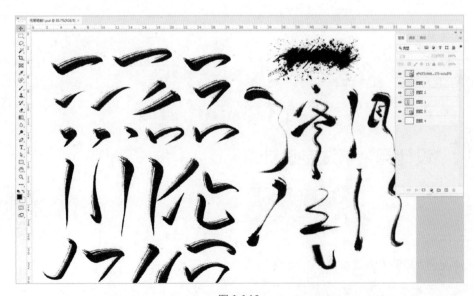

图 1.146

图 1.147

步骤 2 选择"套索工具" ⬡，框选素材文件中的笔触，如图 1.148 所示。按 Ctrl+C 组合键复制，然后切换到"设计党"画板中，按 Ctrl+V 组合键粘贴，再按 Ctrl+T 组合键调整位置和大小，如图 1.149 所示。

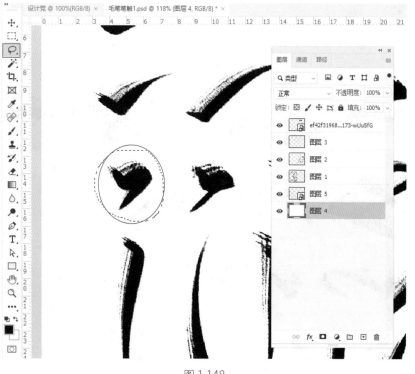

图 1.148

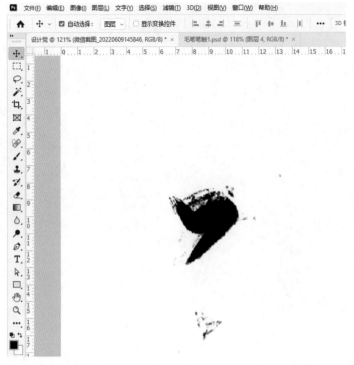

图 1.149

步骤 3 框选素材文件中的笔触，如图 1.150 所示。按 Ctrl+C 组合键复制，切换到"设计党"画板中，按 Ctrl+V 组合键粘贴，然后按 Ctrl+T 组合键调整位置和大小，得到如图 1.151 所示的效果。

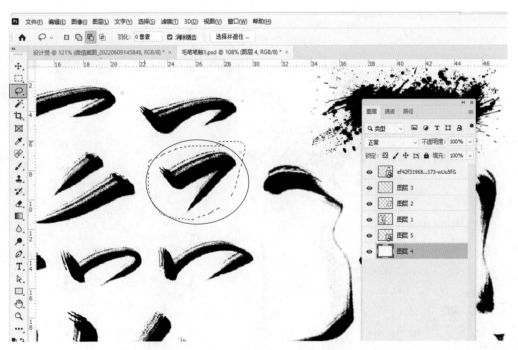

图 1.150

图 1.151

⚙ **小提示**

　　选中图层后，按 Ctrl+T 组合键，当出现矩形框时右击，在弹出的快捷菜单中可选择"水平翻转"或"垂直翻转"选项。

步骤 4　框选素材文件中的笔触，如图 1.152 所示。同样将其复制并粘贴到"设计党"画板中，按 Ctrl+T 组合键把笔触素材调整成垂直角度，如图 1.153 所示。

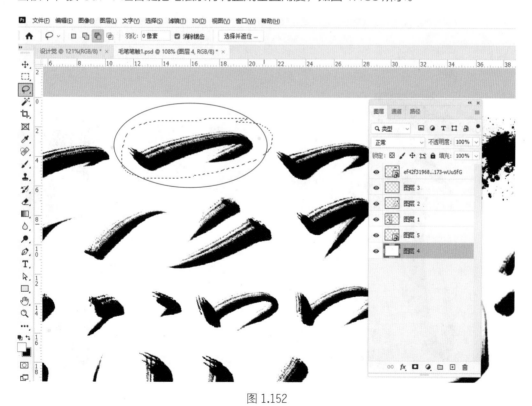

图 1.152

步骤 5　在笔触上右击，在弹出的快捷菜单中选择"水平翻转"选项，如图 1.154 所示。随后按 Ctrl+T 组合键调整其位置和大小，如图 1.155 所示。

图 1.153

图 1.154

图 1.155

步骤 6 单击"图层"面板下方的"添加蒙版"按钮 ▣，再选择"画笔工具"，擦除多余的填充部分，如图 1.156 所示。

图 1.156

步骤 7 框选素材文件中的笔触，如图 1.157 所示，将其复制并粘贴至"设计党"画板中，调整位置和大小，如图 1.158 所示。

图 1.157

图 1.158

步骤 ⑧ 　单击"添加蒙版"按钮 ▢，选择"画笔工具" ，如图 1.159 所示。擦除多余的填充部分，如图 1.160 所示。

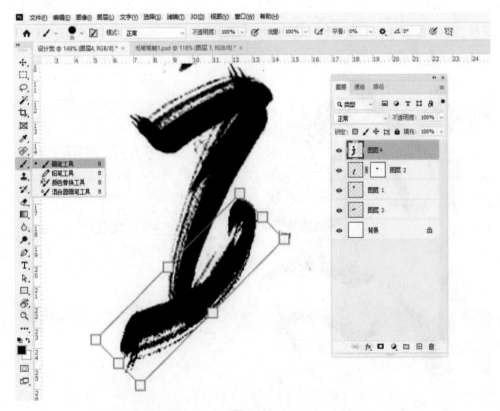

图 1.159

图 1.160

⚙ **小提示**

在笔触拼接过程中，要注意笔触的大小和角度，视觉上整体不违和即可。

步骤 9 框选素材文件中的笔触，如图 1.161 所示。将其复制并粘贴至"设计党"画板中，调整位置和大小，如图 1.162 所示。

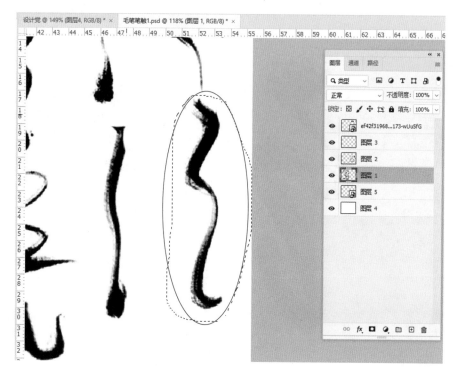

图 1.161

图 1.162

步骤 10 在"图层"面板中单击"添加蒙版"按钮 ⬚，选择"画笔工具" ✎，擦除多余填充部分，如图 1.163 所示。

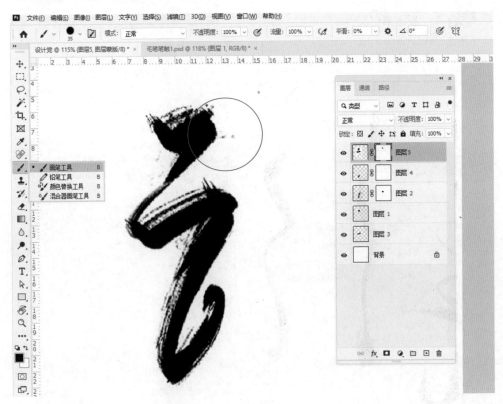

图 1.163

步骤 11 框选素材文件中的笔触，如图 1.164 所示。将其复制并粘贴至"设计党"画板中，调整位置和大小，如图 1.165 所示。

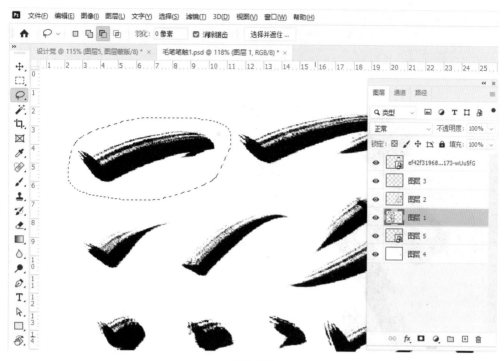

图 1.164

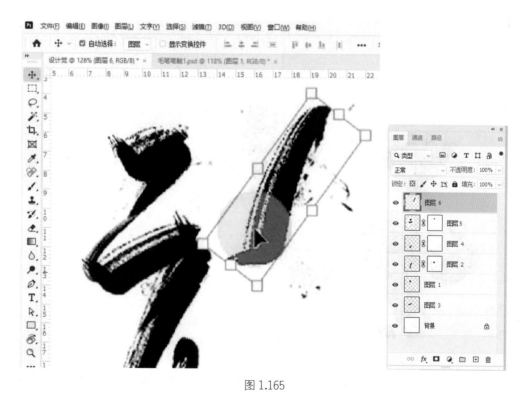

图 1.165

步骤 12 按 Ctrl+T 组合键，当出现矩形线框时右击，在弹出的快捷菜单中选择"变形"选项，如图 1.166 所示。调整四周的锚点直至笔触出现柔和的弧度，如图 1.167 所示。

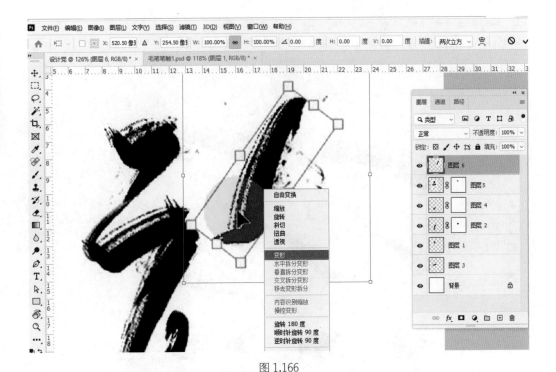

图 1.166

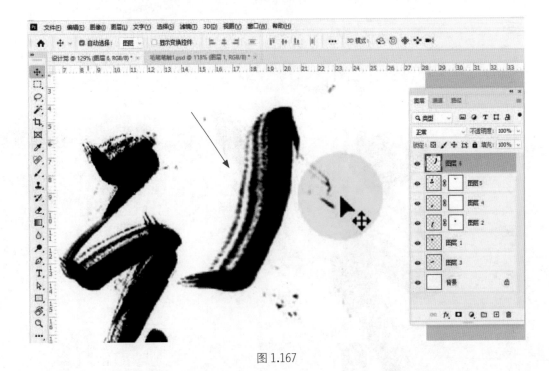

图 1.167

步骤 13 框选素材文件中的笔触，如图 1.168 所示。将其复制并粘贴至"设计党"画板中，按 Ctrl+T 组合键，当笔触四周出现矩形边框时，按住 Shift 键拖曳边框的一边，这样可使笔触的转折部分变得较为弯曲，如图 1.169 所示。

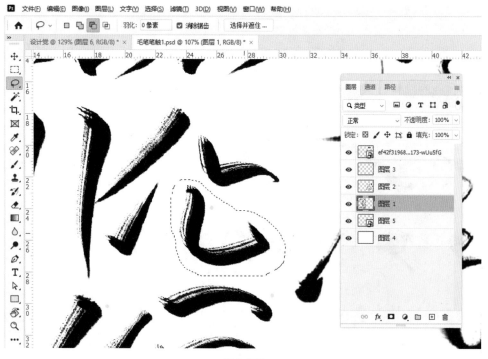

图 1.168

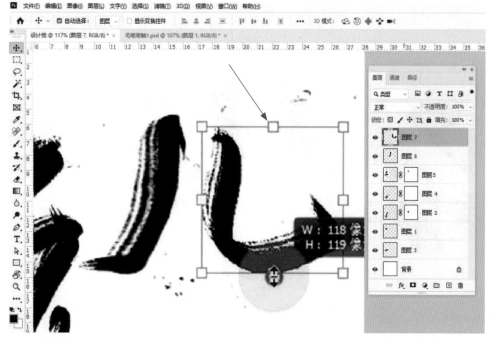

图 1.169

步骤 14　框选素材文件中的笔触，如图 1.170 所示。将其复制并粘贴至"设计党"画板中，按 Ctrl+T 组合键出现矩形线框，按住 Shift 键拖曳矩形边框的一边，使得笔触变宽，再将其放置在合适的位置，使其与步骤 12 和步骤 13 的笔触连接到一起，如图 1.171 所示。

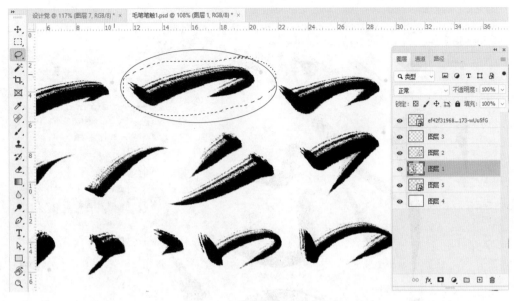

图 1.170

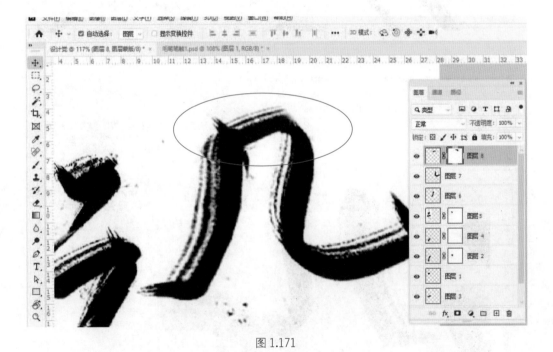

图 1.171

小提示

笔触拼接后如发现有多余的填充部分，可在单击"添加蒙版"按钮后，选择"画笔工具"将其擦除。

步骤 15 框选素材文件中的笔触，如图 1.172 所示。将其复制并粘贴至"设计党"画板中，调整位置和大小，如图 1.173 所示。

图 1.172

图 1.173

步骤 16 框选素材文件中的笔触，如图 1.174 所示，将其复制并粘贴至"设计党"画板中，按 Ctrl+T 组合键出现矩形边框，右击，在弹出的快捷菜单中选择"变形"选项，移动四周锚点进行调整，使得该笔触变成有弧度的撇儿，如图 1.175 所示。

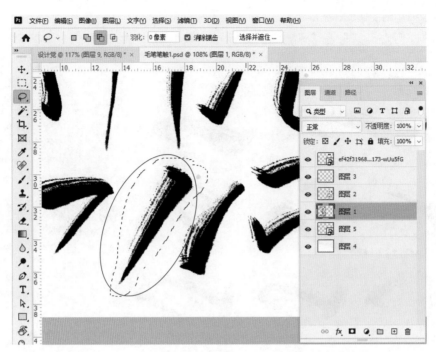

图 1.174

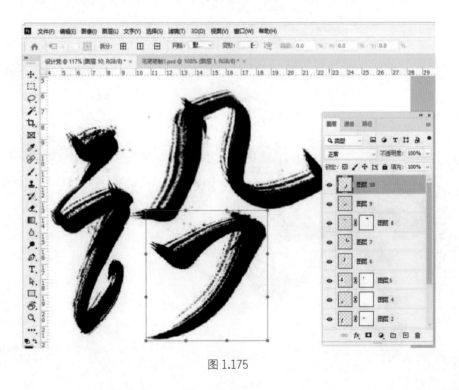

图 1.175

⭐ 小提示

在变形过程中需要调整多个锚点，并且要调整弯曲的角度。

步骤 17 框选素材文件中的笔触，如图 1.176 所示。将其复制并粘贴至"设计党"画板中，按 Ctrl+T 组合键出现矩形线框，按住 Shift 键单击并拖曳矩形边框的一边，拉伸笔触的长度，如图 1.177 所示。

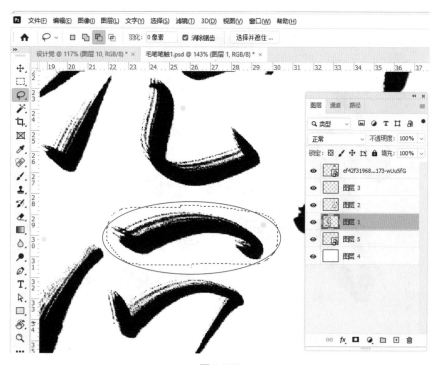

图 1.176

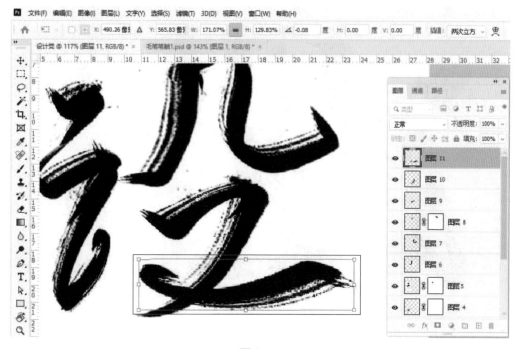

图 1.177

步骤 18 按 Ctrl+T 组合键调整笔触的角度，如图 1.178 所示。再单击"添加蒙版"按钮，选择"画笔工具"，擦除多余的填充部分，如图 1.179 所示。

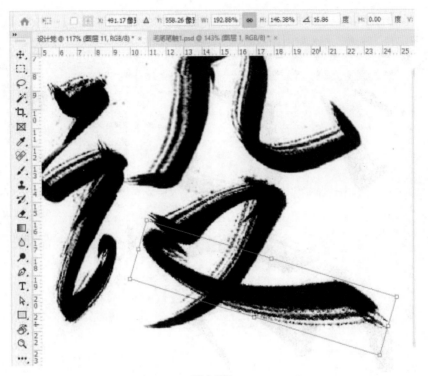

图 1.178

图 1.179

步骤 19   选择素材文件中的笔触，如图 1.180 所示，将其复制并粘贴至"设计党"画板中，按 Ctrl+T 组合键调整其位置和大小后，右击，在弹出的快捷菜单中选择"变形"选项，调整笔触下方锚点，直至其与步骤 18 的笔触贴合，如图 1.181 所示。

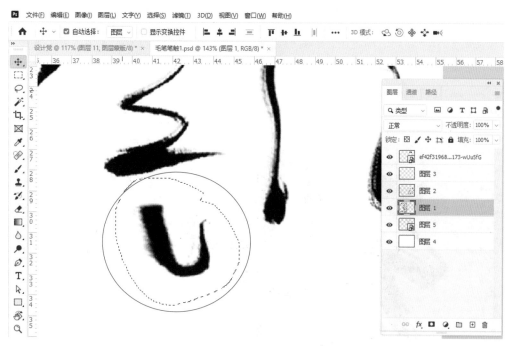

图 1.180

图 1.181

小提示

选择"变形"选项，弹出不允许的窗口提示时，可在选中图层的情况下右击，在弹出的快捷菜单中选择"栅格化图层"选项，即可重新变形。

步骤 20　利用之前运用过的变形选项，调整部分笔触的位置和大小，直至呈现如图 1.182 所示的效果。

图 1.182

该案例主要针对较复杂的"设"字进行设计，其余的文字使用相同方法进行拼接。

小提示

拼接后的单字比例在视觉上需保持一致，字与字之间应存在一定的衔接关系。

1.4　硬笔字体设计

硬笔字体具有力量感，其稳重、刚强、硬朗、大方，在设计过程中要注意笔画简洁干练、硬朗，大多数选用较粗的笔画来设计，字体形式较为统一和规整。

案例 10 "热血高校" 字体设计

本案例完成的最终效果如图 1.183 所示。

图 1.183

◆◆ 知识要点

1. 使用"对齐"面板中的选项，可使锚点对齐和规整。
2. 利用"钢笔工具"可在矩形中添加或删减锚点。
3. 在字体设计中，切断某部分线条可让字体更有设计感。
4. 如果对单个字做了特征设计，那么其他字的类似部分也要统一特征。

重要工具

"直接选择工具" ▷。

操作步骤

步骤 1 打开 Illustrator 软件，选择"文件"–"新建"选项，在弹出的窗口中设置名称为"热血高校"，并把宽度和高度都设置成 800 像素，单击"创建"按钮，如图 1.184 所示。

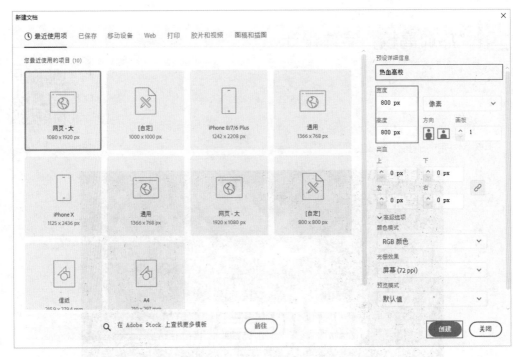

图 1.184

步骤 2   选择"钢笔工具",在工具栏中单击"互换填色和描边"按钮↰,使得白色填充切换到黑色描边上方,然后单击"无"按钮☑,如图 1.185 所示。在画板空白处绘制"热血"的字形,如图 1.186 所示。

图 1.185

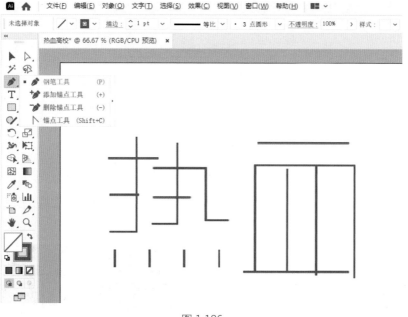

图 1.186

⭐ **小提示**

在绘制字形前，可用计算机自带字体打出文字做参考。

步骤 3 在菜单中选择"窗口"-"对齐"选项，即可弹出"对齐"面板，如图 1.187 所示。

步骤 4 选择"直接选择工具" ▷，框选"热"字下方的锚点，如图 1.188 所示。单击"对齐"面板中的"垂直底对齐"，可让多个锚点对齐在同一条水平线上，如图 1.189 所示。

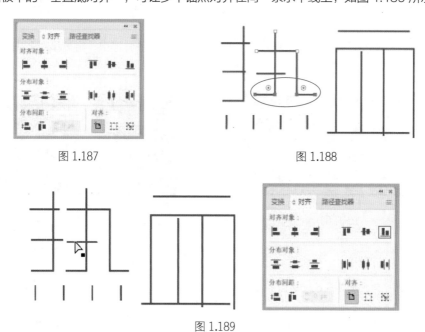

图 1.187   图 1.188

图 1.189

步骤 5 因为"热"字中间部分线条过于复杂，所以框选"热"字左边偏旁的部分锚点，将其向左移动，使其与竖线对齐，如图 1.190 所示。

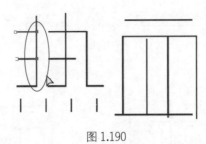

图 1.190

步骤 6 选择"直接选择工具" ▷，框选所有字形，在属性栏中设置"描边"的值为 12pt，如图 1.191 所示。最终效果如图 1.192 所示。

图 1.191

图 1.192

步骤 7 再次选择"直接选择工具" ▷，框选部分锚点，进行对齐，使得字形整体效果规整即可，如图 1.193 所示。

⭐ 小提示

"血"字上方的"丿"笔画，可先用直线代替，之后方便做特征设计。

步骤 8 选择"直接选择工具" ▷，框选"血"字的部分锚点，将其移动至如图 1.194 所示的位置。

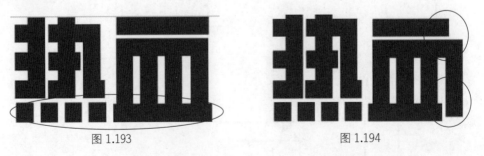

图 1.193

图 1.194

⭐ 小提示

为了让字体更加具有设计感，常用的手法是在笔画之间做断开处理。

步骤 9 选择"直接选择工具" ▷，框选所有字形，在菜单栏中选择"对象"-"扩展"

选项，如图 1.195 所示，即可弹出"拓展"窗口，无须改变任何属性，单击"确定"按钮，最终效果如图 1.196 所示。

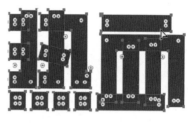

图 1.195　　　　　　　　　　　　　　　　　图 1.196

步骤 10　选择"直接选择工具" ，框选部分字的图形，再选择"钢笔工具" ，将鼠标指针移动至锚点处，当钢笔图标下方出现"一"的符号时，单击即可删除锚点，如图 1.197 所示。重复删除锚点的操作，使字形转变成如图 1.198 所示的效果。

图 1.197　　　　　　　　　　　　　　　　图 1.198

💠 小提示

对单个字设计了特征，其他字体也要统一特征。

步骤 11　选择"直接选择工具" ，单击"血"字上方的矩形，选择"钢笔工具" ，将鼠标指针移动至矩形边缘处，当钢笔图标下方出现"+"的符号时，单击即可添加锚点，如图 1.199 所示。框选部分锚点进行移动，得到如图 1.200 所示的效果。

图 1.199　　　　　　　　　　　　　　　　图 1.200

剩余文字可采用相同的方法创建，这里不再赘述。

> 🌸 小提示
>
> 设计"校"字右下部分时不要有太多的留白空间，线条的弧度不能过大，绘制过后要看整体的线条是否对齐。

案例 11 "超能战队"字体设计

本案例完成的最终效果如图 1.201 所示。

图 1.201

📖 知识要点

1. 利用"钢笔工具"绘制字形结构。
2. 使用"扩展"选项可使线段转变成图形。
3. 按 Ctrl+J 组合键可使两个锚点之间产生线段并连接。
4. 使用"联集"选项可使多个图形或线条合并。
5. 使用"偏移路径"选项可使图形向外延伸出一段距离。

✒️ 重要工具

"钢笔工具" ✎., "直接选择工具" ▷., "吸管工具" ✐., "编组选择工具" ▷..

📑 操作步骤

本例使用 Illustrator 软件制作。

步骤 1　选择"钢笔工具" ✐ ，在画板空白处绘制出字的笔画结构，如图 1.202 所示。

步骤 2　选择"直接选择工具" ▷ ，框选部分锚点，使用"对齐"工具将其对齐，如图 1.203 所示。

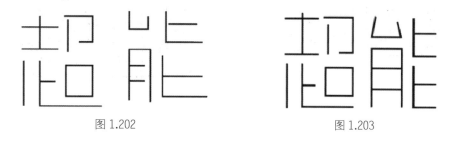

图 1.202　　　　　　　　　　　　图 1.203

⭐ **小提示**

　　对齐过程中注意笔画之间的空隙要适中，每个字的比例要一致。

步骤 3　框选所有字的线条，将"描边"属性值改为 6pt，如图 1.204 所示。具体的描边粗细可以根据实际效果来调整。然后重复步骤 2，框选部分锚点，进行对齐。

图 1.204

步骤 4　框选"能"字左下方锚点，将其移动至上方横线处，如图 1.205 所示。选择"直接选择工具" ▷ ，将两个锚点选中，按 Ctrl+J 组合键进行连接，得到完整线段，如图 1.206 所示。

图 1.205　　　　　　　　　　　　图 1.206

步骤 5　框选两个字之间的锚点，按 Ctrl+J 组合键连接线段，再选择"钢笔工具"，单击多余锚点，将其删除，如图 1.207 和图 1.208 所示。

图 1.207

图 1.208

步骤 6 框选上方锚点，将其往下移动至如图 1.209 所示的位置。

图 1.209

步骤 7 框选所有字的线条，选择菜单栏中的"对象"–"扩展"选项，将线条转变成图形，如图 1.210 所示。

图 1.210

步骤 8 框选图中的锚点，使用"对齐"选项将其对齐，图 1.211 所示。

图 1.211

步骤9 选择菜单栏中的"窗口"-"路径查找器"选项,弹出"路径查找器"面板,框选所有图形,单击面板中的"联集"按钮,得到完整图形,如图 1.212 所示。

图 1.212

步骤10 在工具栏中双击"填充"按钮,在"拾色器"面板中选择蓝色(颜色可随意选择),如图 1.213 所示。

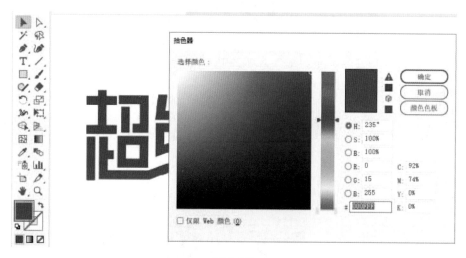

图 1.213

步骤11 框选图形,选择菜单栏中的"对象"-"路径"-"偏移路径"选项,在弹出的"偏移路径"对话框中调整偏移的位移(数值可根据预览效果进行调整),单击"确定"按钮,如图 1.214 所示。

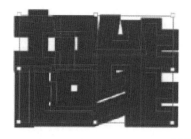

图 1.214

步骤12 在工具栏中单击"互换填色和描边"按钮,得到描边,如图 1.215 所示。再单击"路径查找器"面板中的"联集"按钮,得到完整图形,如图 1.216 所示。

图 1.215

图 1.216

💠 **小提示**

在该步骤中不要单击空白处，不然很难再找到偏移后得到的线条。

步骤 13 选择"编组选择工具" ↗，单击字里面的线条，按 Delete 键将其删除，如图 1.217 所示。

图 1.217

剩余文字可采用相同的方法创建，这里不再赘述。

案例 12 "潮流不止"字体设计

本案例完成的最终效果如图 1.218 所示。

图 1.218

知识要点

1. 使用"拓展"选项可使描边转变成矢量图形。
2. 使用"路径查找器"中的"减去顶层"可使两个图形相减。
3. 加入特征的字体更有设计感。

重要工具

"钢笔工具" ✐，"矩形工具" ▢。

操作步骤

本例使用 Illustrator 软件制作。

步骤 1 选择"钢笔工具" ✐，在画板中绘制出字形笔画，如图 1.219 所示。

图 1.219

⭐ 小提示

"不"字的字形结构是根据词组特征来重新绘制的。

步骤 2 将绘制好的笔画全部选中，在属性栏中设置"描边"的值为 10pt（描边的粗细可根据预览效果更改），如图 1.220 所示。

图 1.220

步骤 3　选择"直接选择工具" ，框选部分锚点，结合"对齐"选项规整字形，如图1.221
所示。

图 1.221

步骤 4　框选所有字形，选择菜单栏中的"对象"–"扩展"选项，将描边转变成矢量图形，
如图 1.222 所示。

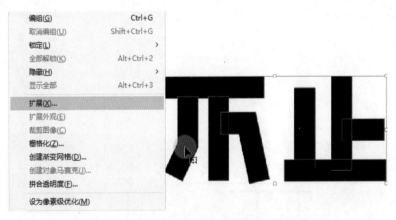

图 1.222

步骤 5　框选部分锚点，进行对齐，如图 1.223 所示。

步骤 6　框选"止"字左下角锚点，进行移动，使其与"不"字连接，如图 1.224 所示。

图 1.223　　　　　　　　　　　　　图 1.224

步骤 7　选择"矩形工具" ，绘制一个方形，再选择"钢笔工具"，单击一个角的锚点，

将其去除，得到三角形，如图 1.225 所示。

图 1.225

步骤 8 将三角形移动到字的边角处，框选三角形和字的图形后，单击"路径查找器"面板中的"减去顶层"按钮，得到如图 1.226 所示的效果。

图 1.226

⭐ 小提示

利用"钢笔工具"在边角部分添加锚点后再删除，或者通过拖曳"圆角半径"的方法都可得到字的特征效果。

剩余文字可采用相同的方法创建，这里不再赘述。

1.5 哥特字体设计

哥特字体是一类装饰性很强的字体，比较注重线条，花纹的变化也采用了植物做装饰。哥特字体能够把华丽、尊贵、神秘的风格很好地体现出来，多用在万圣节、恐怖密室、西式婚庆等主题的海报中。

案例 13 "古墓丽影"字体设计

本案例完成的最终效果如图 1.227 所示。

图 1.227

知识要点

1. 绘制好制作哥特字体所需的笔触。
2. 使用"钢笔工具"绘制曲线。
3. 使用"宽度工具"可调整线条粗细。

重要工具

"钢笔工具" ✐, "宽度工具" 🖌, "平滑工具" ✐。

操作步骤

本例使用 Illustrator 软件制作。

步骤 1 绘制拼接文字用的笔触图形。选择"钢笔工具" ✐, 在空白处单击并拖曳, 形成曲线, 如图 1.228 所示。

步骤 2 选择"宽度工具" 🖌, 单击线条首尾端并拖曳, 形成尖角, 如图 1.229 所示。随后选择"钢笔工具" ✐, 绘制剩余装饰图形, 如图 1.230 所示。

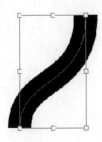
图 1.228

图 1.229

图 1.230

✿ 小提示

绘制出的线条如果不平滑, 可使用"平滑工具"进行涂抹。

步骤 3 框选两条线段后，选择菜单栏中的"对象"–"扩展外观"选项，将其变成图形，再单击"路径查找器"面板中的"联集"按钮，将两个图形相加，得到整体，如图 1.231 所示。

图 1.231

⭐ **小提示**

剩余笔触图形都可采用"钢笔工具"绘制，也可根据字形设计新的笔触图形。

步骤 4 打开本书所提供的笔触素材文件，选择如图 1.232 所示的笔触，将其拼接成"古"字，最终效果如图 1.233 所示。

哥特字笔触素材

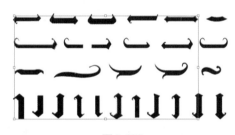

图 1.232

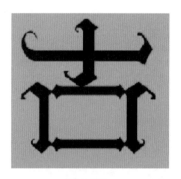

图 1.233

⭐ **小提示**

拼接的笔触不是固定的，也可根据字形来选择其他笔触，但最终效果要美观。

步骤 5 采用相同的方法选择笔触后拼接成其他文字。

案例 14 "海盗船"字体设计

本案例完成的最终效果如图 1.234 所示。

图 1.234

知识要点

1. 使用"自由变换工具"可改变图形的倾斜角度。
2. 使用"扩展外观"将线条转变成矢量图形。

重要工具

"钢笔工具" ✎，"自由变换工具" ▦，"矩形工具" ▢，"线条工具" ╱。

操作步骤

本例使用 Illustrator 软件制作。

步骤 1　选择"矩形工具" ▢，在空白处绘制矩形，随后在矩形末端绘制一条线段，如图 1.235 所示。

步骤 2　框选线段后选择菜单栏中的"对象"-"扩展外观"选项，得到图形。框选两个图形后，选择"自由变换工具" ▦，将图形倾斜，如图 1.236 所示。

图 1.235　　　　　　　　　图 1.236

> 📷 **小提示**
>
> 剩余笔触图形多数采用"钢笔工具"绘制而成，也可根据字形来设计新的笔触图形。

步骤 3　打开本书提供的笔触素材文件，选择如图 1.237 所示的笔触，拼接出"海"字的三点水偏旁，如图 1.238 所示。

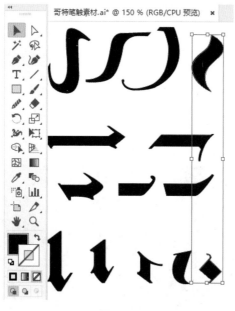

图 1.237

图 1.238

★ 小提示

拼接用的笔触不是固定的，可根据字形来选择合适的笔触。

步骤 4　选择如图 1.239 所示的笔触，拼接"海"字右半部分笔画，最终效果如图 1.240
所示。

图 1.239

图 1.240

剩余文字可采用相同的方法进行创作，这里不再赘述。

"镇魂曲" 字体设计

本案例完成的最终效果如图 1.241 所示。

图 1.241

知识要点

1. 制作哥特字体之前需要绘制或者下载哥特字体的笔画素材。
2. 拼接字体时，注意每个笔画的特征要统一。

重要工具

"钢笔工具" ✐，"直接选择工具" ▷。

操作步骤

步骤 1 打开本书提供的"哥特笔画"Illustrator 素材文件，根据笔画的特征进行归类，如图 1.242 所示。

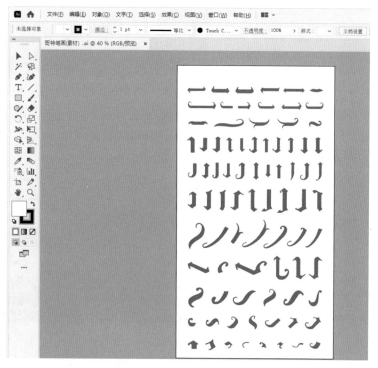

图 1.242

步骤 2 打开"镇魂曲"字体文件，根据字的特征选择合适的笔画进行拼接。例如"曲"字，首先选择"横笔画"，按住 Alt 键的同时单击并移动，将其复制到空白处，再选择"竖笔画"，将其移动到图 1.243 所示位置，之后按住 Alt 键的同时单击并拖曳，将其复制一份，移动到对称位置，如图 1.244 所示。

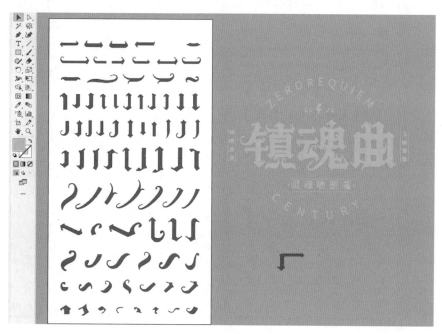

图 1.243

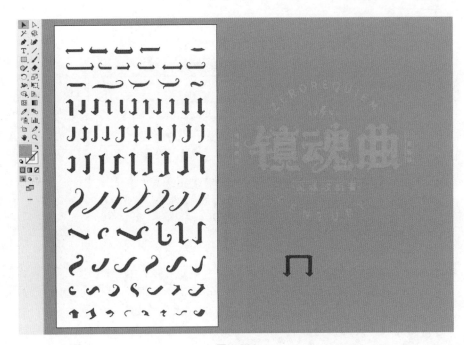

图 1.244

⭐ **小提示**

　　如果想变换图形的长度，可以选择"直接选择工具" ▷ 进行移动。

步骤 3　继续依照"曲"字的字形，选择合适的笔画进行拼接，得到如图 1.245 所示效果。

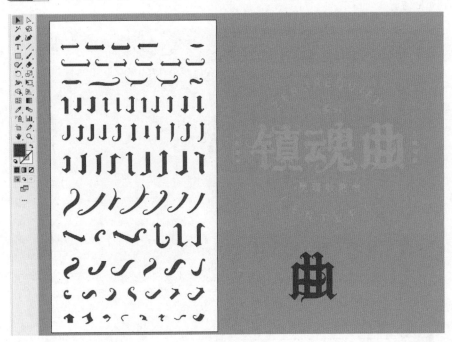

图 1.245

　　制作类似哥特风的字体之前，需准备好合适的笔画素材，再根据字体结构找到合适的笔画进行拼接。

1.6　花体字设计

　　设计花体字时要观察字体的形状，还要了解花体字的特点，如粗细变化、圆弧、游丝、回环，以及字体之间的衔接等，以凸显飘逸的美感。

案例 16 "生如夏花"字体设计

本案例完成的最终效果如图 1.246 所示。

图 1.246

❖❖ 知识要点

　　1. 根据要设计的字绘制草稿，注意绘制时的笔画走势。

　　2. 新建画笔预设，可替换笔画线段，预设图形要由粗到细。

　　3. 字与字之间要有衔接感。

⚓ 重要工具

"钢笔工具" ✐.，"平滑工具" ✐.，"矩形工具" ▭.。

⬙ 操作步骤

本例使用 Illustrator 软件制作。

步骤 1 在纸上绘制字体的草稿，绘制出的字形笔画决定了最终花体字的效果。可以参照图 1.247 所示的花体字草稿图片进行绘制，也可根据自己的喜好绘制想要的字体。

图 1.247

步骤 2 选择"钢笔工具" ✐.，绘制"生"字的结构，将"填充"改为"描边"，如图 1.248 所示。

步骤 3 选择"矩形工具" ▭.，在空白处绘制一个矩形，选择"直接选择工具" ▷后，框选下方锚点，进行移动，得到粗细变化的图形，如图 1.249 所示。

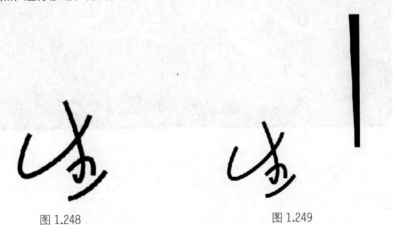

图 1.248

图 1.249

步骤 4 按 F5 键弹出"画笔"面板，框选得到的图形，将其拖拉进"画笔"面板中，定义成"艺术画笔"，然后单击"确定"按钮，得到一个新的画笔预设，如图 1.250 所示。

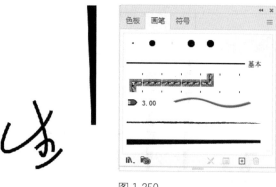

图 1.250

步骤 5　选择"生"字的线条，单击新建的画笔预设就可以将其直接替换成线条形状，如图 1.251 所示。

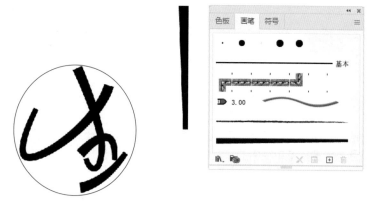

图 1.251

★ 小提示

将图形改变方向后再次新建画笔，则可以得到反方向的画笔预设。

步骤 6　绘制一个矩形，框选锚点，移动位置后，拖曳"圆角半径"图标，将图形变成刀锋一样的形状，随后将其拖曳至"画笔"面板中，新建画笔预设，如图 1.252 所示。

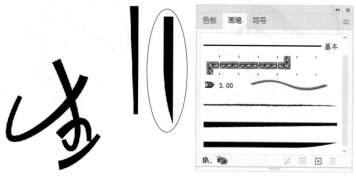

图 1.252

步骤 7 再次框选"生"字线条，选择步骤 6 中创建的画笔预设，得到如图 1.253 所示效果。

图 1.253

⭐ **小提示**

在替换笔画时要选择合适的画笔预设，并注意笔画的走势。

步骤 8 选择"钢笔工具" ✐，在"生"字上方笔画末尾处绘制尖角图形，如图 1.254 所示。随后框选线条，选择菜单栏中的"对象"-"扩展外观"选项，将线条转变成矢量图形。

⭐ **小提示**

绘制字形时要注意笔画的走势，字与字之间要有衔接感。

步骤 9 框选两个图形后，单击"路径查找器"面板中的"联集"按钮，将图形合并，然后选择"平滑工具" ✐，涂抹图形不规则的边缘锚点，效果如图 1.255 所示。

图 1.254

图 1.255

⭐ **小提示**

剩余文字全部采用同样的方式进行绘制。

案例 17 "堤曼可苏"字体设计

本案例完成的最终效果如图 1.256 所示。

图 1.256

知识要点

1. 使用"曲率工具"可将锚点之间的线段绘制成平滑的螺旋线。
2. 拖曳尖角部分的圆角图标可将尖角变成圆角。
3. 字与字之间要有衔接感。

重要工具

"钢笔工具" ♪.，"曲率工具" ♪，"矩形工具" ▢.。

操作步骤

本例使用 Illustrator 软件制作。

步骤 1 选择"矩形工具" ▢.，在画板空白处绘制一个长方形，将其转变成黑色填充，再用"钢笔工具" ♪.在矩形首尾端各绘制一个尖角图形，如图 1.257 所示。

步骤 2 选择"直接选择工具" ▷，框选尖角部分的锚点，拖动圆角图标，使其变成圆角，如图 1.258 所示。

⚙ 小提示

在尖角锚点处拖曳圆角图标，即可将其变成圆角。

步骤 3 选择"矩形工具" ▢ ，绘制一个长方形。利用"钢笔工具" ✐ 在矩形边缘处新加锚点并移动，再拖动圆角图标，使其变成圆角，如图 1.259 所示。

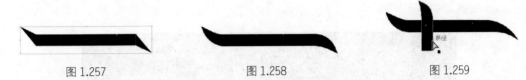

图 1.257　　　　　　　图 1.258　　　　　　　图 1.259

步骤 4 选择步骤 3 的图形，按 Alt 键向右拖曳，将其复制一份，如图 1.260 所示。

步骤 5 采用以上方法继续绘制，如图 1.261 所示。

步骤 6 选择"钢笔工具" ✐ ，在空白处单击两点（即初始端点和末尾端点），选择"曲率工具" ✐ ，在线段之间单击并拖曳，使其形成圆弧形状，如图 1.262 所示。

图 1.260　　　　　　　图 1.261　　　　　　　图 1.262

步骤 7 使用"钢笔工具" ✐ 单击两点使图形闭合，将描边转变成填充，如图 1.263 所示。

⚙ 小提示

使用"曲率工具"时，有时会出现多个点，这时可利用"钢笔工具"去除锚点，再移动锚点两端的曲柄，调整曲线。

步骤 8 利用"曲率工具" ✐ 继续绘制剩余笔画，如图 1.264 所示。

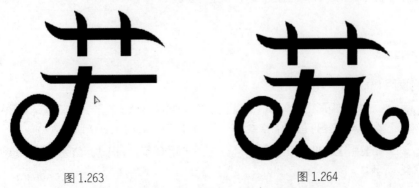

图 1.263　　　　　　　　　　图 1.264

📖 **小提示**

"曲率工具"可将锚点之间的线段变得更加平滑和圆润。

剩余文字都采用同样的方法进行绘制。要注意字与字之间的衔接，例如"堤"字笔画末尾处与"曼"字形成穿插，"曼"字末尾笔画拉伸托起"苏"字，如图 1.265 所示。

图 1.265

案例 18 "野蛮女友"字体设计

本案例完成的最终效果如图 1.266 所示。

图 1.266

◆◆ **知识要点** ▷

1. 利用默认字体的部分笔画结构结合所设计的图形得到花体字。

2. 利用"曲率工具"可将锚点之间的直线变成平滑的曲线。

3. 字与字之间可利用错位来提升设计感。

✏️ **重要工具**

"钢笔工具" ✏️，"曲率工具" ✏️，"自由变换工具" 🔲。

🔶 **操作步骤**

步骤 1 安装"锐字云字库锐倩"字体，如图 1.267 所示。然后打开 Illustrator 软件，选择"文字工具" T，在画板空白处输入"野"字，再在菜单栏中选择"对象"–"扩展"选项，在弹出的"扩展"窗口中单击"确定"按钮，得到黑色矢量图形，如图 1.268 所示。

步骤 2 选择"直接选择工具" ▷，框选"野"字的部分锚点，按 Delete 键将其删除，如图 1.269 所示。

锐字云字库锐倩
GB.TTF

图 1.267   图 1.268   图 1.269

步骤 3 选择"钢笔工具" ✏️，在空白处单击两个锚点并将其闭合，如图 1.270 所示。再选择"曲率工具" ✏️，单击锚点之间的线段并拖曳，使其形成曲线，然后将其转变成黑色填充，如图 1.271 所示。

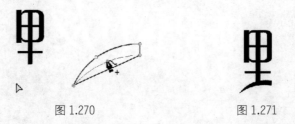

图 1.270   图 1.271

⭐ **小提示**

使用"曲率工具"可使直线段变成非常圆滑的曲线。

步骤 4 继续使用"钢笔工具" ✏️ 和"曲率工具" ✏️ 绘制剩余笔画，注意笔画的形状要以曲线的形式呈现，如图 1.272 所示。

⭐ 小提示

如果发现使用"曲率工具"绘制的图形不够平滑，可继续添加锚点，但要注意锚点的数量，锚点越多，平滑程度就越低。

步骤 5 调整"野"字的左右结构，尽量让它们有种错位感，之后选择"自由变换工具" ⬚，框选图形，按住 Shift 键进行拖曳，将图形倾斜适当的角度，如图 1.273 所示。

图 1.272

图 1.273

另外 3 个字采用同样的方法进行绘制，这里不再赘述。

第 **2** 章

logo
设计

本章主要讲解 logo 设计，包括字母
logo 设计、线性 logo 设计、动物 logo 设计、
正负形 logo 设计、三维空间 logo 设计和
人物肖像 logo 设计，每一种类型的 logo
都有其各自的特点，读者在学习的过程中
应逐步体会。

2.1 字母 logo 设计

设计字母 logo 离不开常用的视觉元素，点、线、面等基础的元素可以通过彼此组合形成颇具新意的设计。常用企业首字母和英文缩写来设计字母 logo，对于习惯了看汉字的中国人来说，字母 logo 更为简约和易于传播。

案例 19 "雷京物流"logo 设计

本案例完成的最终效果如图 2.1 所示。

图 2.1

知识要点

1. 首字母 L 和包裹、传送带做图形结合。
2. logo 图形近似正方形。
3. 对图形做倾斜和特征处理可以提高其视觉感和设计感。

重要工具

"矩形工具" ▢，"选择工具" ▶，"文字工具" T，"自由变换工具" ⬚。

操作步骤

步骤 1 打开 Illustrator 软件，在菜单栏中选择"文件"-"新建"选项，在弹出的窗口中设置文件名称为"雷京物流"，将宽和高都设置为 800 像素，单击"创建"按钮，如图 2.2 所示，得到空白画板。

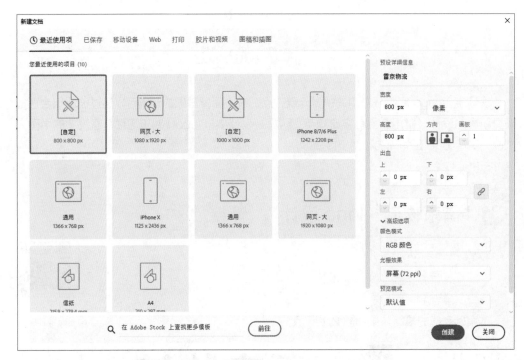

图 2.2

步骤 2　分析雷京物流公司的属性，物流的代表物是包裹和传送带，而公司的首字母是 L，所以可以将三者组合成颇具创意的图形。

💠 小提示

在设计之前，可以先列出 logo 的属性和关键词关系图，以便于思考设计方案。

步骤 3　在属性栏中单击"填色"下拉按钮，在下拉面板中选择黑色，如图 2.3 所示。然后单击"描边"右侧的下拉按钮，在下拉面板中选择"[无]"，如图 2.4 所示。

图 2.3　　　　　　　　　　　　　　　图 2.4

步骤 4　选择"矩形工具" ▣，在画板空白处绘制一个黑色矩形，如图 2.5 所示。然后按住 Alt 键，单击并拖曳矩形，复制出一个矩形，并将其旋转 90°，如图 2.6 所示。

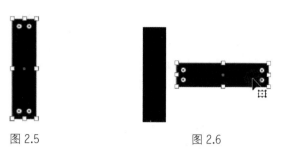

图 2.5   图 2.6

步骤 5   选择菜单栏中的"窗口"-"对齐"选项，弹出"对齐"面板。然后选择"选择工具"▶，框选两个矩形，单击"对齐"面板中的"水平左对齐"和"垂直底对齐"按钮，如图 2.7 所示，得到如图 2.8 所示的图形。

图 2.7   图 2.8

步骤 6   选择"矩形工具"▭，绘制一个宽度同样大小的矩形，如图 2.9 所示。在属性栏中单击"填色"下拉按钮，在弹出的面板中选择红色，得到红色矩形，如图 2.10 所示。

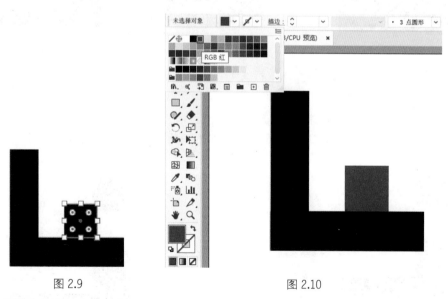

图 2.9   图 2.10

★ 小提示

    小矩形可以是任意颜色，但需要与行业属性相关。

步骤 7   将红色矩形移动至如图 2.11 所示的位置，按住 Alt 键，单击并向右拖曳，复制一份红色矩形，使得矩形一边与黑色矩形一边重合，如图 2.12 所示。

步骤 8 选择菜单栏中的"窗口"-"路径查找器"选项，这时会弹出"路径查找器"面板，选择"选择工具" ▶，框选黑色矩形和红色矩形，单击"路径查找器"面板中的"减去顶层"按钮，如图 2.13 所示，得到如图 2.14 所示的效果。

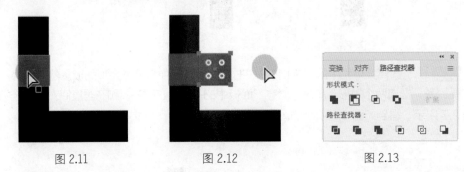

图 2.11   图 2.12   图 2.13

步骤 9 选择"直接选择工具" ▷，框选黑色矩形下方的锚点，如图 2.15 所示。将锚点向上移动，形成竖宽横窄的效果，如图 2.16 所示。

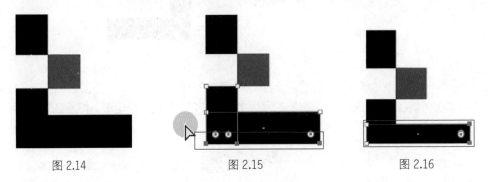

图 2.14   图 2.15   图 2.16

步骤 10 选择"选择工具" ▶，框选两个黑色矩形，单击"路径查找器"面板中的"联集"按钮，使两个黑色矩形相加，如图 2.17 所示。

步骤 11 选择"直接选择工具" ▷，框选黑色矩形左下方的锚点，当出现圆角图标时，单击并拖曳，使其形成圆角，如图 2.18 所示。圆角角度不宜过大，视觉上美观即可。

图 2.17   图 2.18

步骤 12 选择"钢笔工具" ✐，在黑色矩形左上方绘制一个三角形，如图 2.19 所示。再使用"钢笔工具" ✐ 在三角形的一边单击，创建新的点，如图 2.20 所示。

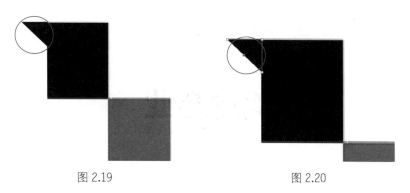

图 2.19   图 2.20

步骤 13　框选该锚点，将其向右上角拖曳，形成夹角，之后再移动圆角图标，使夹角变成圆弧，如图 2.21 所示。

步骤 14　选择"选择工具" ▶，框选所有图形，再选择"自由变换工具" ，将鼠标指针移动至矩形的上方线框，单击并向右拖曳，使图形变倾斜，如图 2.22 所示。

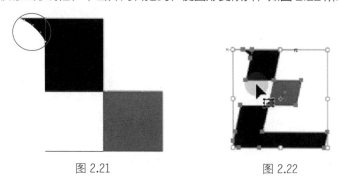

图 2.21   图 2.22

步骤 15　选择"文字工具" T，在图形的右方单击，输入"雷京物流"，并在下方输入拼音"LEIJINGWULIU"，如图 2.23 所示。

图 2.23

 小提示

图形与文字之间的距离不宜过大，在视觉上合适即可。

案例
20 "美达影业"logo 设计

本案例完成的最终效果如图 2.24 所示。

图 2.24

知识要点

1. 框选线条与图形，通过"切割"可得到两个单独图形。
2. 绘制一个方形，通过"变换"可复制多个相同属性的方形。
3. 在绘制 logo 时要注意留白不能太多，否则会导致 logo 整体不协调。
4. 在"渐变"的颜色面板中，通过切换到 HSB 模式可得到彩色色值。

重要工具

"直线段工具" ∕，"渐变工具" ▮，"吸管工具" ✐。

操作步骤

步骤 1　在 Illustrator 中新建一个 800 像素 ×800 像素的画板，并命名为"美达影业"，如图 2.25 所示。

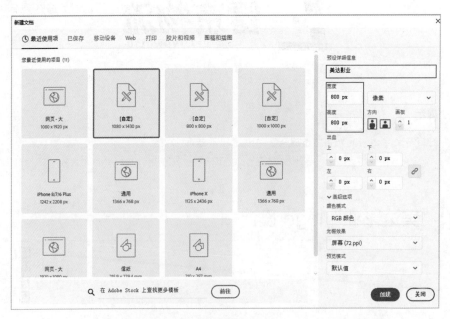

图 2.25

步骤 2 在创作前先分析美达影业的行业属性应为"电影"和"媒体",另外公司的首字母为 M,为突出行业属性,可将三者巧妙地结合成图形。

步骤 3 在属性栏中设置"描边"的值为 60pt,将填充改为"[无]",如图 2.26 所示。然后选择"矩形工具" ,在画板空白处绘制一个正方形,如图 2.27 所示。

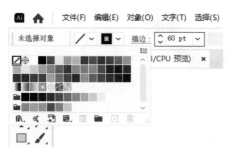

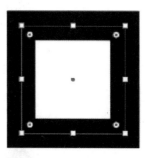

图 2.26   图 2.27

⭐ 小提示

正方形的描边粗细取决于最终的 logo 视觉效果。

步骤 4 选中正方形,按住 Shift 键单击并拖曳,使其旋转 45°,得到如图 2.28 所示的效果。

步骤 5 框选正方形后,在菜单栏中选择"对象"-"扩展"选项,弹出"扩展"对话框,不改变任何属性,单击"确定"按钮,如图 2.29 所示。

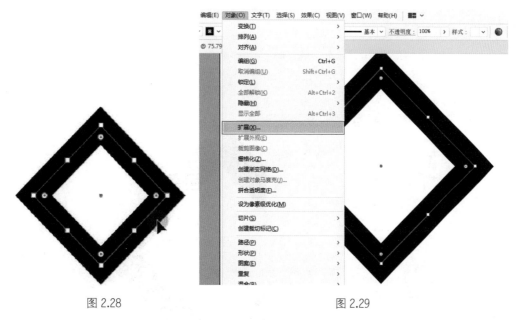

图 2.28   图 2.29

步骤 6 选择"直线段工具" ,在正方形中间绘制一条直线,如图 2.30 所示。框选图形和线条后,选择菜单栏中的"窗口"-"路径查找器"选项,在弹出的面板中单击下方的"分割"按钮,如图 2.31 所示。

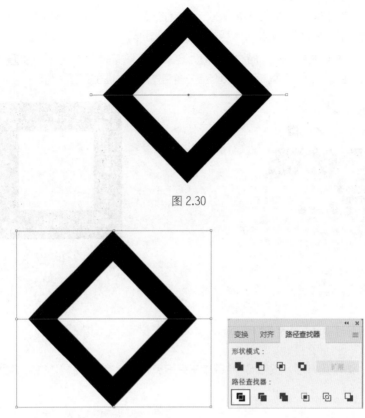

图 2.30

图 2.31

步骤 7 选择菜单栏中的"对象"-"取消编组"选项,框选下方图形,如图 2.32 所示,按 Delete 键删除。

图 2.32

步骤 8 选中得到的图形，按住 Alt 键单击并向右拖曳，复制一份图形，注意移动的距离不宜过大，如图 2.33 所示。

步骤 9 选择"直线段工具" ✏️，在复制的图形中的一边绘制一条直线，如图 2.34 所示。将图形和线条同时选中，再单击"路径查找器"面板中的"分割"按钮，如图 2.35 所示。

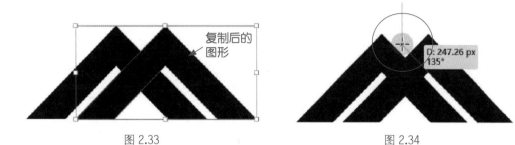

图 2.33　　　　　　　　　　　　　　　　图 2.34

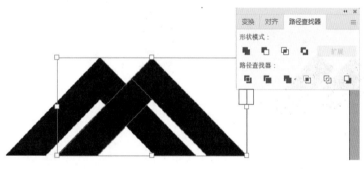

图 2.35

步骤 10 选择菜单栏中的"对象"-"取消编组"选项，框选如图 2.36 所示的图形，按 Delete 键将其删除。

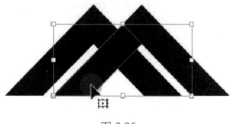

图 2.36

步骤 11 选择"直接选择工具" ▷，框选步骤 10 中图形下方中间的锚点，将锚点移动至如图 2.37 所示的位置。

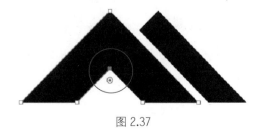

图 2.37

　　因为 logo 图形中间的三角形留白太多，而导致整体效果不平衡，所以通过移动锚点，用填充来填补留白。

步骤 12　　选择"矩形工具"▭，在画板空白处绘制一个小正方形，如图 2.38 所示。框选小正方形，选择菜单栏中的"效果"－"扭曲和变换"－"变换"选项，如图 2.39 所示。

图 2.38　　　　　　　　　　　　　　　　　　　　　图 2.39

步骤 13　　这时会弹出"变换效果"对话框，选中"预览"复选框，并设置"副本"值为 10，然后改变"移动"下方的"垂直"数值为 29px，如图 2.40 所示。通过预览看到每个方块的间距合适后单击"确定"按钮。

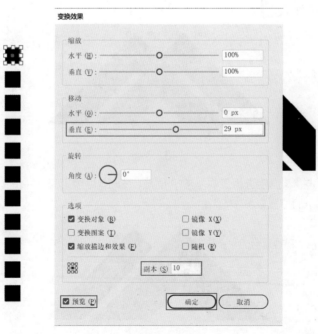

图 2.40

✿ 小提示

为了方便更改数值，建议将步骤12制作的小正方形复制一份备用，通过"变换"得到的副本图形是不可编辑的，只是一个预览图形。

步骤 14 选中初始的小方块，将其颜色改为白色，然后选择菜单栏中的"对象"–"扩展外观"选项，得到可编辑的副本图形，如图 2.41 所示。

图 2.41

步骤 15 将副本图形旋转后移动到黑色图形的上方，如图 2.42 所示。

步骤 16 如果发现方块的间距过小，可选中原始方块，选择菜单栏中的"窗口"–"外观"选项，弹出"外观"面板，单击属性框中的"变换"，如图 2.43 所示，即可再次弹出"变换效果"对话框，从而更改其属性。

图 2.42

图 2.43

步骤 17 选中一个黑色图形，在工具栏中单击"渐变"按钮，弹出"渐变"面板，如图2.44所示。

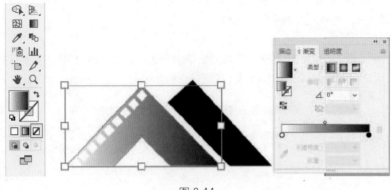

图 2.44

步骤 18 双击"渐变"面板中左侧的移动色标，在弹出的属性框中单击右上方的 ☰ 图标，在下拉菜单中选择 HSB 选项，得到彩色色值，如图 2.45 所示。

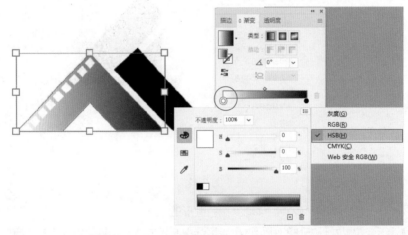

图 2.45

步骤 19 在 HSB 的属性色块中，单击即可得到该数值的颜色，然后将左右两边色标的颜色调整为如图 2.46 所示的效果。

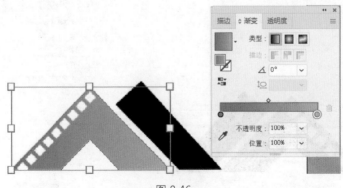

图 2.46

💮 **小提示**

为了提升 logo 的视觉效果，建议设置渐变颜色为由深到浅。

步骤 20   选中另一个黑色图形，使用"吸管工具" 🖊 单击已设置好颜色的图形，即可吸取该图形的渐变颜色，如图 2.47 所示。

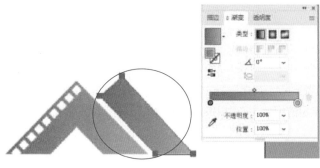

图 2.47

步骤 21   选中单个渐变图形，单击"渐变工具" ■，这时渐变图形上方会出现位置调节杆，通过移动色标可调节渐变的位置，如图 2.48 所示。

步骤 22   选择"文字工具" **T**，输入"美达影业"以及相应英文，并将其移动至 logo 图形的下方，如图 2.49 所示。

图 2.48

图 2.49

💮 **小提示**

logo 图形与文字之间的距离不宜过大，在视觉上美观即可。

案例 21 "威 V 男装"logo 设计

本案例完成的最终效果如图 2.50 所示。

图 2.50

知识要点

1. 该 logo 图形由字母 W 和 V 组合而成，W 代表男士西服，V 代表衣领。
2. 利用"锚点工具"单击任意一个锚点，将圆角变成"尖角"。
3. W 和 V 字母的组合图形中出现大面积留白，可用代表纽扣的小元素进行点缀。

重要工具

"直接选择工具" ▷，"钢笔工具" ✐，"锚点工具" ⏷。

操作步骤

步骤 1　首先分析男装的品牌调性和名称，"威 V 男装"凸显的是男士西装，其中名称中带有 W 和 V 字母，因此可以将两者结合成 logo 图形。

步骤 2　在 Illustrator 中新建一个长和宽都为 800 像素的画板，并命名为"威 V 男装"，在属性栏中将"填充"去掉，将"描边"的值设置为 16pt。然后选择"椭圆工具" ○，在画板空白处绘制一个椭圆形，如图 2.51 所示。

步骤 3　选择"直接选择工具" ▷，框选椭圆上方的一个锚点，按 Delete 键将其删除，如图 2.52 所示。

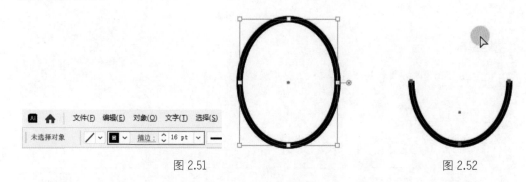

图 2.51　　　　　　　　　　　　　　　　图 2.52

步骤 4　选择"直接选择工具" ▷，框选剩余图形的两侧锚点，选择菜单栏中的"对象"–"路径"–"连接"选项，得到如图 2.53 所示的图形效果。

步骤 5　框选图形下方的锚点，在工具栏中单击并长按"钢笔工具" ✐，当出现工具扩展列表时，选择"锚点工具" ⏷，单击该锚点后则出现 V 字图形，如图 2.54 所示。

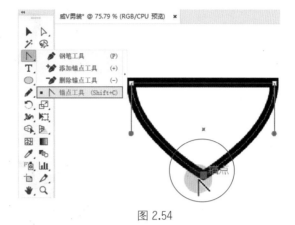

图 2.53   图 2.54

步骤 6   选择"矩形工具" ，在 V 字图形上方绘制一个长方形，再将两个图形全部框选，单击属性栏中的"水平居中对齐"按钮 和"垂直顶对齐"按钮 ，如图 2.55 所示。

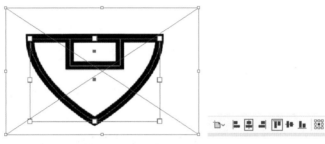

图 2.55

步骤 7   选择"钢笔工具" ，在长方形上下两条线段中单击，创建两个新的锚点，将下方锚点往上移动，框选上方锚点，按 Delete 键将其删除，效果如图 2.56 所示。

步骤 8   选择"钢笔工具" ，在 V 字图形上方单击创建 3 个新的锚点，框选中间锚点，按 Delete 键将其删除，效果如图 2.57 所示。

步骤 9   选择"直接选择工具" ，框选两个图形中的 4 个锚点，按 Ctrl+J 组合键将其连接在一起，如图 2.58 所示。

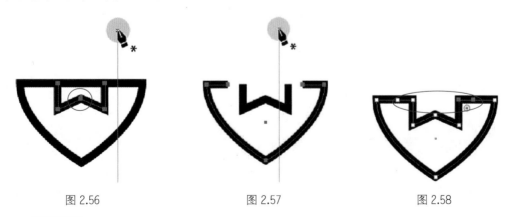

图 2.56   图 2.57   图 2.58

步骤 10   框选所有图形，单击属性栏中的"描边"属性，在下拉面板中将"边角"设置为"圆角连接"，如图 2.59 所示。

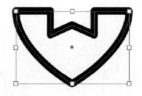

图 2.59

步骤 11 选择"椭圆工具"  ，绘制两个黑色圆形作为纽扣，移动至如图2.60所示位置。

图 2.60

⭐ **小提示**

因为 V 字图形中间留白较多，所以绘制两个纽扣来增强 logo 的整体平衡感。

步骤 12 选择"文字工具" **T** ，单击空白处，输入"威 V 男装"和相关拼音，并将其移动至 logo 图形的右侧，如图 2.61 所示。

图 2.61

2.2 线性 logo 设计

线性 logo 主要分为两种形式，一种为"线的排列"，另一种为"线的描述"。"线的排列"是指线段按照一定规律排列，从而形成具有线条感的标志，一般是抽象的几何图形；而"线的描述"则是以线的形式勾勒图形，一般为具象图形，这种结构能够使标志看起来更加精致和富有艺术性。

案例 22 "齐灵文创"logo 设计

本案例完成的最终效果如图 2.62 所示。

齐灵文创

QILINGCULTURE

图 2.62

知识要点

1. 设计 logo 之前，要先了解齐灵文创公司的行业属性，以及想要通过图形来表达的观念和精神。

2. 设计该类型 Logo 需注重线条的柔和度，以及动物的形态特征。

3. 绘制线条 logo 时还要注意线条的粗细以及留白，如果留白过大或者图形在视觉上较零散，可通过加粗或移动线条来调整 logo。

4. 如果是以线条的形式绘制动物，不能过于具象，需要带有一定的设计成分。

重要工具

"钢笔工具" ，"剪刀工具" ，"文字工具" 。

操作步骤

步骤 1　首先分析齐灵文创公司的理念，在表达温情的同时要展现公司的行业竞争力，体现出积极向上的精神，因此结合鲸鱼、地球、字母 Q，以线条的形式把这 3 种理念进行结合。

> ⭐ **小提示**
>
> 绘制 logo 图形很容易，但前期的构思和想法极为重要。

步骤 2　打开 Illustrator 软件，新建一个宽和高都为 800 像素的画板，并命名为"齐灵文创"，单击"创建"按钮，如图 2.63 所示。

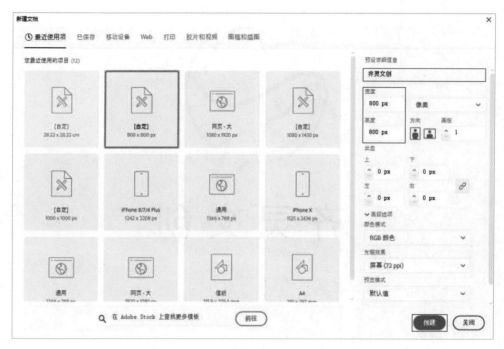

图 2.63

步骤 3 选择"椭圆工具" ，在画板空白处绘制一个圆形，如图 2.64 所示。在属性栏中单击"填充"按钮，在下拉面板中选择"[无]"，如图 2.65 所示。

图 2.64

图 2.65

步骤 4 在属性栏中单击"描边"按钮，在下拉面板中选择"RGB 蓝"颜色色块，并在右侧设置"描边"的值为 9pt，如图 2.66 所示。

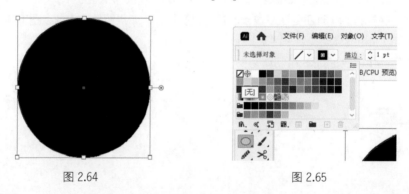

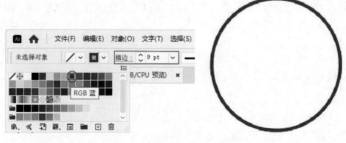

图 2.66

步骤 5   选择"钢笔工具" ✐ ，在圆形右下方绘制鲸鱼的鱼鳍，在此过程中可移动锚点两端产生的控制杆，从而调整线条的弧度，最终效果如图 2.67 所示。

步骤 6   选择"钢笔工具" ✐ ，绘制出鲸鱼的嘴部，如图 2.68 所示。选择"椭圆工具" ⬭ ，绘制一个小圆形，当作眼睛，并将其移动至嘴部的上方位置，如图 2.69 所示。

图 2.67　　　　　　　　图 2.68　　　　　　　　图 2.69

步骤 7   选中外框的圆形，选择"剪刀工具" ✂ ，在左上方位置单击两个点，框选两点之间的线段，按 Delete 键将线段删除，如图 2.70 所示。

步骤 8   选择"钢笔工具" ✐ ，沿着切断部分的线条单击，继续绘制，如图 2.71 所示。

步骤 9   选择"直接选择工具" ▷ ，框选尖角部分的锚点，当出现"圆角半径"图标时，单击并拖曳，使其形成圆角弧度，如图 2.72 所示。

图 2.70　　　　　　　　图 2.71　　　　　　　　图 2.72

步骤 10   框选不规则的线条，单击并长按"Shaper 工具"，在弹出的工具列表中选择"平滑工具" ✐ ，在线条处单击并涂抹，使之变平滑，如图 2.73 所示。

步骤 11   选择"直接选择工具" ▷ ，框选鲸鱼的尾部尖角部分锚点，单击并拖曳圆角图标，形成弧度，如图 2.74 所示。

图 2.73　　　　　　　　　　　　图 2.74

步骤 12 框选所有线条，选择"剪刀工具" ✂，在鱼鳍线条处单击，将其切断，并按 Delete 键将其删除，如图 2.75 所示。

步骤 13 选择"直接选择工具" ▷，框选鱼鳍断开部分的两端锚点，按 Ctrl+J 组合键连接线段，如图 2.76 所示。最后框选连接鱼鳍后的尖角部分锚点，拖动"圆角半径"图标，将其转变成圆角，如图 2.77 所示。

图 2.75

图 2.76

图 2.77

步骤 14 选择"文字工具" T，在空白处输入并编辑"齐灵文创"文字和相应英文，然后将其移动至 logo 图形下方，如图 2.78 所示。

齐 灵 文 创

QILINGCULTURE

图 2.78

案例 23 "大象灯泡" logo 设计

本案例完成的最终效果如图 2.79 所示。

图 2.79

知识要点

1. logo 可以以灯泡的形状为主要载体，并将大象的部分特征融合进去。
2. 使用"剪刀工具"单击线段上的某两个点，可将线段直接切开。
3. 使用"旋转工具"旋转某一条线段时，要先确定好轴心点，该轴心点的位置决定了线段旋转后的位置。

重要工具

"剪刀工具" ✂，"直接选择工具" ▷。

操作步骤

步骤 1 首先分析"大象灯泡"的名称含义，希望 logo 能够同时凸显"大象"和"灯泡"的特征，所以以灯泡的形状为主要载体，把大象的鼻子和耳朵的重要特征都设计进去，从而产生富有创意的 logo。

步骤 2 打开 Illustrator 软件，创建一个宽和高都为 800 像素的画板，并命名为"大象灯泡"，如图 2.80 所示。

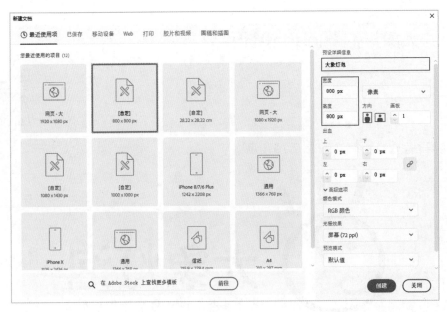

图 2.80

步骤 3 在工具栏中，当"填色"在"描边"的上方时，单击下方的"无"按钮即可去掉填色，如图 2.81 所示。单击下方的"描边"按钮，可将"描边"转至"填色"的上方，如图 2.82 所示。

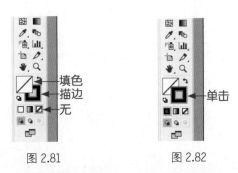

图 2.81   图 2.82

步骤 4 双击"描边"，弹出"拾色器"对话框，输入颜色值（R：24，G：37，B：157），单击"确定"按钮即可得到蓝色描边属性，如图 2.83 所示。

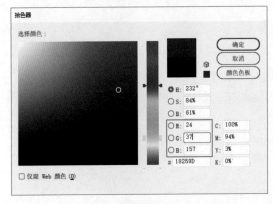

图 2.83

步骤 5 在属性栏中"描边"的右侧输入数值 10pt，然后选择"椭圆工具" ⊙，在画板空白处绘制一个圆形，如图 2.84 所示。

步骤 6 在工具栏中单击并长按"橡皮擦工具"，在弹出的工具列表中选择"剪刀工具" ✂，然后选中圆形，在其左下角单击新建两个锚点，如图 2.85 所示。再使用"选择工具"选中锚点之间的线段，按 Delete 键将其删除。

步骤 7 使用"钢笔工具" ✎ 在圆形上方锚点处单击，绘制大象的鼻子，如图 2.86 所示。

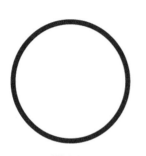

图 2.84

图 2.85

图 2.86

步骤 8 选择"直接选择工具" ▷，框选尖角部分的锚点，移动锚点两端的曲柄，直到鼻子部分的线条更平滑，如图 2.87 所示。也可选择"平滑工具" ✐，在不平滑的线条上单击涂抹，直至线条变平滑，如图 2.88 所示。

图 2.87

图 2.88

步骤 9 选择"钢笔工具" ✎，在圆形上方绘制大象的耳朵，如图 2.89 所示。随后可通过移动锚点两端的"手柄"调整圆弧度，如图 2.90 所示。

图 2.89

图 2.90

步骤 10 选择"椭圆工具" ⊙，再单击"互换填色和描边"按钮，将"描边"切换至"填充"，然后在空白处绘制一个小圆形，并将其移动至鼻子上方，如图 2.91 所示。

步骤 11 选择"钢笔工具" ，在圆形下方绘制灯泡的螺旋线特征，如图 2.92 所示。

图 2.91   图 2.92

⭐ 小提示

螺旋线的每条线段间距不能过大，上方线段要比下方线段长，这样具有层次感。

步骤 12 选择"钢笔工具" ✏，在圆形上方绘制一条线段，如图 2.93 所示。随后选择"旋转工具" ↻，按住 Alt 键单击线段下方的轴心位置，如图 2.94 所示。

图 2.93   图 2.94

步骤 13 随即弹出"旋转"对话框，输入"角度值"为 –40°，单击"复制"按钮，得到图 2.95 所示的效果。再按 Ctrl+D 组合键重复上一级的"旋转"命令，效果如图 2.96 所示。

图 2.95

图 2.96

⚫ 小提示

用"旋转"命令复制出来的线段能够保持相同长度和粗细属性。

步骤 14 使用"选择工具"▶框选复制后的两条线段，分别将其旋转一定的角度并移动至如图 2.97 所示的位置。

图 2.97

步骤 15 输入"大象灯泡"文字和对应拼音，并放置在图形右侧，完成制作。

案例 24 "艳丽鲜花"logo 设计

本案例完成的最终效果如图 2.98 所示。

图 2.98

✦✦ 知识要点 ▷

1. logo 图形结合花瓣形状和"艳"字进行设计。

2. 使用"旋转工具"能够将某个图形沿着确定的轴心以 360° 旋转。

3. 在"艳"的字形设计过程中，可在笔画结构较多的部分做减法处理。

4. 可在花瓣形状与"艳"字之间做适当的连接，连接的位置要根据视觉效果确定。

✏️ 重要工具

"椭圆工具" ⬭，"直接选择工具" ▶，"旋转工具" ↻。

📑 操作步骤

步骤 1 首先分析"艳丽鲜花"的名称含义，提取关键词"花朵""艳"，因此以线条的形式设计 logo，将花瓣的形状围绕"艳"这个字，突出主题的同时可体现女性的柔美和花朵的艳丽。

步骤 2 打开 Illustrator 软件，新建一个长和宽都为 800 像素的画板，并命名为"艳丽鲜花"，如图 2.99 所示。

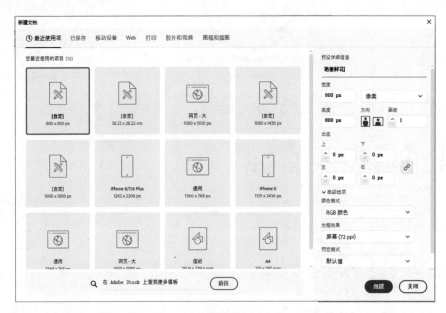

图 2.99

步骤 3 选择"椭圆工具" ⬭，在画板空白处绘制一个椭圆形，随后单击工具栏下方的"无"按钮☑，将填充色去除，效果如图 2.100 所示。

步骤 4 选择"钢笔工具" ✒，在椭圆形上方绘制一个三角形，如图 2.101 所示。然后选择菜单栏中的"窗口"-"路径查找器"选项，这时会弹出"路径查找器"面板。

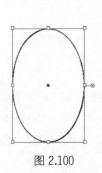

图 2.100

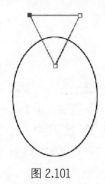

图 2.101

步骤 5 使用"选择工具"框选两个图形后，单击"路径查找器"面板中的"减去顶层"按钮，得到镂空的三角图形，如图 2.102 所示。

步骤 6 选择"直接选择工具"，框选三角图形上方的 3 个锚点，当出现"圆角半径"图标时，单击并拖曳，使其形成圆角，如图 2.103 所示。

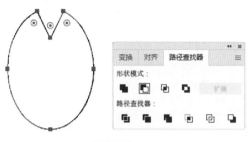

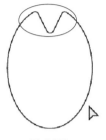

图 2.102 　　　　　　　　　　图 2.103

⭐ **小提示**

三角形的圆角弧度不宜过大，否则最终形成的 logo 图形不美观。

步骤 7 选择"直接选择工具"，框选图形下方的锚点，按 Delete 键将其删除，如图 2.104 所示。

步骤 8 双击工具栏下方的"描边"按钮，在弹出的"拾色器"对话框中输入粉红色的颜色值（R：255，G：96，B：102），然后单击"确定"按钮，如图 2.105 所示。

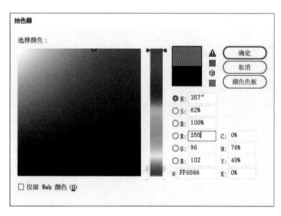

图 2.104 　　　　　　　　图 2.105

步骤 9 在属性栏中设置"描边"的数值为 6.5pt，得到粉色花瓣，如图 2.106 所示。

图 2.106

步骤 10 选择"钢笔工具"，在画板空白处绘制"艳"字的基本结构，如图 2.107 所示。随后选择"剪刀工具"✂，将图2.108所示的线条切断并将不需要的部分删除。

步骤 11 选择"钢笔工具"✎，单击断开处的锚点，继续绘制，如图2.109所示。

图2.107　　　　　　　　　图2.108　　　　　　　　　图2.109

⭐ 小提示

"艳"字两边笔画的结构比例在视觉上要一致，在笔画较多的部分可适当做减法处理。

步骤 12 使用"直接选择工具"▷框选"艳"字右半部分的直角锚点，如图2.110所示。当出现"圆角半径"图标时，单击并拖曳，使其形成圆角，如图2.111所示。

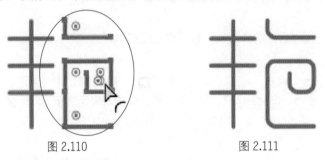

图2.110　　　　　　　　　　　图2.111

⭐ 小提示

由于logo图形想要表达女性的柔美，因此对直角线条都可做圆角处理。

步骤 13 选择"钢笔工具"✎，在"艳"字右半部分的线段上添加一个锚点，如图2.112所示。随后选择"直接选择工具"▷，单击锚点间的线段，按Delete键将其删除，如图2.113所示。

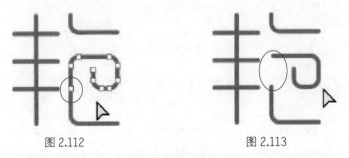

图2.112　　　　　　　　　　　图2.113

步骤 14 选择粉色花瓣图形，将其移动到"艳"字的上方，如图2.114所示。然后选择"旋转工具"↻，按住Alt键单击花瓣图形的下方轴心位置，如图2.115所示。

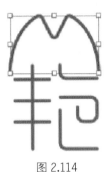

图 2.114

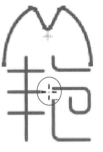

图 2.115

步骤 15 这时会弹出"旋转"对话框,输入"角度"的值为 90,然后单击"复制"按钮,如图 2.116 所示的效果。接着连续按两次 Ctrl+D 组合键重复上一步操作,得到如图 2.117 所示的效果。

图 2.116

图 2.117

⭐ **小提示**

将"艳"字和花瓣形状结合之后,观察两者之间的线条是否有可连接的部分。

步骤 16 选择"直接选择工具" ▶,框选"艳"字左上部分锚点,按 Ctrl+J 组合键连接线段,如图 2.118 所示。之后选择"剪刀工具" ✂,在图 2.119 所示的线段位置单击,将其切断,然后按 Delete 键将其删除。

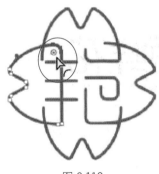

图 2.118

图 2.119

步骤 17 选择"剪刀工具" ✂,在"艳"字左下方线段处单击,将其切断,然后按 Delete 键将其删除,如图 2.120 所示。

⭐ 小提示

　　花瓣线条与"艳"字线条不一定都要统一连接，可在每次连接后进行观察，如发现结构不协调或不美观，可尝试其他连接方式或者断开。

步骤 18　重复以上步骤，最终效果如图 2.121 所示。

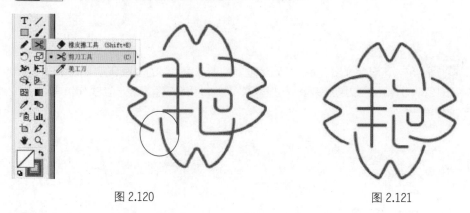

图 2.120　　　　　　　　　　　　　　　　　　图 2.121

步骤 19　框选所有图形，将属性栏中的"描边"数值改为 12pt，如图 2.122 所示。

图 2.122

步骤 20　选择"文字工具" T，单击画板空白处输入"艳丽鲜花"和拼音"YAN-LIXIANHUA"，并将其移动至 logo 图形的右侧，如图 2.123 所示。

图 2.123

2.3　动物 logo 设计

动物 logo 形象能够让消费者在看到动物时对品牌产生联想，且便于记忆。动物能够让人产生温暖可爱的内心感受，企业用动物形象作为 logo，既能够让消费者在心理上产生好感，还能推广品牌形象。

"松鼠文化"logo 设计

本案例完成的最终效果如图 2.124 所示。

图 2.124

✖✖ 知识要点

1. 将松鼠的头和身体部分与尾巴相结合，形成负空间。
2. "渐变"面板中的两个滑块可用于调整渐变的颜色属性。
3. 使用"减去顶层"时，需将被减去的图层置于最上方。

✏️ 重要工具

"钢笔工具" ✒️，"平滑工具" ✏️，"椭圆工具" ⬭。

🗇 操作步骤

步骤 1 在 Illustrator 中，选择"钢笔工具" ✒️，在画板空白处绘制一条尾巴图形，并将其改为黑色描边。然后使用"平滑工具" ✏️在不平滑的线条部分进行涂抹，如图 2.125 所示。

步骤 2 选择"钢笔工具" ✒️，在尾巴图形中间绘制松鼠的头、耳朵和身体部分，如图 2.126 所示。然后选择菜单栏中的"窗口"—"路径查找器"选项，这时会弹出"路径查找器"面板，将松鼠耳朵和身体的图形同时选中，单击"路径查找器"面板中的"联集"按钮，相加得到完整图形，如图 2.127 所示。

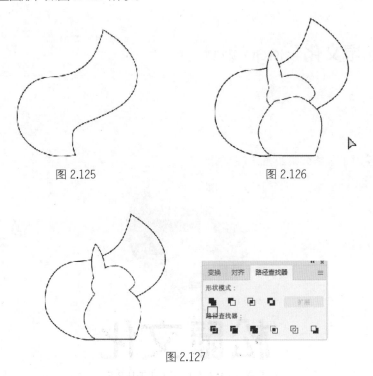

图 2.125   图 2.126

图 2.127

> ⭐ 小提示
>
> 松鼠的头和身体部分的轮廓要在尾巴图形的里面，两者以负空间的形式呈现，因此须对头部和身体轮廓进行微调。

步骤 3　选择尾巴图形，单击工具栏中的"渐变"按钮 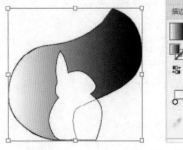，将描边去除，这时会弹出"渐变"面板，如图 2.128 所示。

图 2.128

步骤 4　分别双击两个颜色滑块，进入颜色选择界面，选择 HSB 的颜色模式，将颜色调整为由黄到橙的效果，如图 2.129 所示。

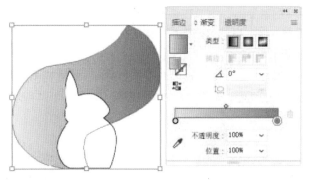

图 2.129

步骤 5 框选松鼠身体和尾巴图形，单击"路径查找器"面板中的"减去顶层"按钮，得到如图 2.130 所示的效果。

图 2.130

⭐ 小提示

若发现相减后的图形不圆滑，可使用"平滑工具"进行涂抹，也可使用"形状生成工具"去除某部分图形。

步骤 6 选择"椭圆工具" ⭕，绘制一个椭圆形作为松鼠的眼睛，将其颜色改为淡黄色，并移动至松鼠头部，如图 2.131 所示。

步骤 7 选择"矩形工具" ▢，在空白处绘制一个长方形，再按 Alt 键单击并拖曳，复制出一个长方形，注意在两图形之间留有一些距离，制作翻开的书本效果，如图 2.132 所示。

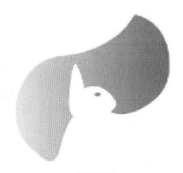

图 2.131

图 2.132

步骤 8 选择"钢笔工具" ，在长方形的下边缘添加锚点，将锚点往上移动，随后切换到"直接选择工具" ，框选这些锚点，移动圆角图标，使其变成圆角，得到书本翻开的效果，如图 2.133 所示。

步骤 9 选择"钢笔工具" ，绘制两个手的形状，将其颜色改为白色填充，然后将手的形状分别放置在书本的两侧，制作手拿书本的效果，如图 2.134 所示。

图 2.133

图 2.134

步骤 10 选择"文字工具" ，在空白处输入并编辑文字"松鼠文化"和"SQUIRREL CULTURE"，然后将其摆放在 logo 图形的下方，如图 2.135 所示。

图 2.135

案例 26 "北极熊" logo 设计

本案例完成的最终效果如图 2.136 所示。

北极熊
POLAR BEAR

图 2.136

知识要点

1. 绘制动物动作 logo 最简便的方法就是找到相关图片做参考。
2. 使用"形状生成工具"可使多条连接的线段形成一个整体。

重要工具

"钢笔工具" ✐.，"吸管工具" ✐.，"椭圆工具" ◯.，"形状生成工具" ◈.。

操作步骤

步骤 1　将本书提供的北极熊参考图片拖曳进 Illustrator 软件中，作为参照，如图 2.137 所示。

步骤 2　选择"钢笔工具" ✐，照着图片绘制北极熊的轮廓，并将其改为红色描边，绘制头部轮廓时，可直接绘制侧面图形，不需要考虑北极熊是否转头，如图 2.138 所示。

图 2.137

图 2.138

步骤 3　绘制肚子轮廓线条，选择"钢笔工具" ✐，在线条中间单击，创建锚点，移动锚点后通过拖曳圆角图标形成圆角，如图 2.139 所示。

步骤 4 框选所有图形，选择"形状生成工具" 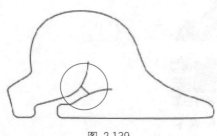，将图形移动至轮廓中间，当出现密麻麻的方格时，单击得到一个完整的北极熊轮廓，如图 2.140 所示。

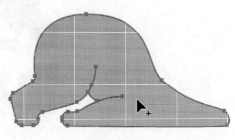

图 2.139 　　　　　　　　　　图 2.140

步骤 5 双击工具栏中的"填充"，在弹出的颜色面板中选择合适的蓝色，去除描边，如图 2.141 所示。

步骤 6 选中腿部的两条线段，将"描边"加粗至 3pt，再选择"宽度工具"，在线段的末端单击并拖曳，使其变成细线，如图 2.142 所示。

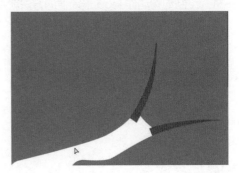

图 2.141 　　　　　　　　　　图 2.142

步骤 7 将两条线段移动至腿部轮廓相贴合的位置，再选择菜单栏中的"对象"-"扩展外观"选项，得到填充图形，如图 2.143 所示。

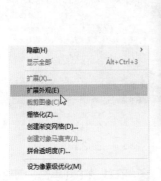

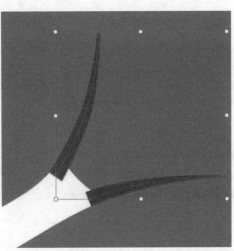

图 2.143

> 🌸 **小提示**
>
> 使用"扩展外观"可使线段直接变成路径填充图形。

步骤 8 选择菜单栏中的"窗口"–"路径查找器"选项，这时会弹出"路径查找器"面板。框选北极熊图形和两条线段后，单击"路径查找器"面板中的"减去顶层"按钮，如图 2.144 所示，得到如图 2.145 所示的效果。

图 2.144   图 2.145

步骤 9 选择"椭圆工具" ⬭，绘制一个圆形作为北极熊的眼睛，放置在头部位置，如图 2.146 所示。

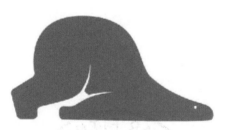

图 2.146

步骤 10 选择"钢笔工具" ✐，在北极熊头部上方绘制三角形，使用"吸管工具" ✐ 吸取身体的蓝色，填充后作为熊的耳朵，并单击"路径查找器"面板中的"联集"按钮将两部分图形相加，如图 2.147 所示。

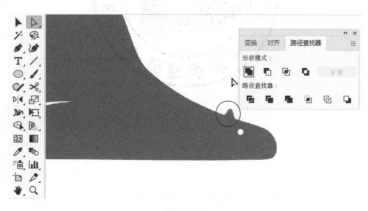

图 2.147

步骤 11 选择"钢笔工具" ✐，在北极熊头部前方边缘处单击创建两个锚点，移动锚点后得到凸起的形态，作为北极熊的鼻子部分，如图 2.148 所示。

步骤 12 选择"文字工具"在画板空白处输入"北极熊"和其英文"POLAR BEAR"，排版后移动至 logo 图形的下方，如图 2.149 所示。

图 2.148

图 2.149

案例 27 "猩星健身" logo 设计

本案例完成的最终效果如图 2.150 所示。

图 2.150

知识要点

1. 绘制猩猩造型时要注意头部和身体部分的比例关系。

2. 使用"添加锚点"可在每两个锚点之间新增一个锚点。

"钢笔工具" ✒️ ，"矩形工具" ▢ ，"直线段工具" ／ ，"镜像工具" ◁▷ ，"编组选择工具" ▷ ，"自由变换工具" 🔲 。

第 1 部分：绘制身体和头部。

步骤 1 打开本书提供的猩猩参考图片，分析猩猩的肌肉线条与人在健身时的动作特征，将两者巧妙地结合，利用基本的"矩形工具"将其绘制出来。

步骤 2 在 Illustrator 中，选择"矩形工具" ▢ ，在画板空白处绘制正方形，将它填充为黑色，并去除描边，同时拖动圆角图标使其变成圆角矩形，如图 2.151 所示。

步骤 3 用同样的方法再绘制一个矩形，将其填充为白色，选择"自由变换工具" ▷ ，按住 Ctrl+Shift+Alt 组合键的同时单击并拖曳，使其形成梯形，并将直角改为圆角，如图 2.152 所示。

图 2.151

图 2.152

⭐ 小提示

白色图形作为猩猩的腹肌部分，圆角不需要太大。

步骤 4 使用"钢笔工具" ✒️ 绘制两个三角形，并将它们移动至梯形的左右两边，同时框选梯形和三角形，单击"路径查找器"面板中的"减去顶层"按钮，得到如图 2.153 所示的效果。

图 2.153

步骤 5 选择"直线段工具" ／ ，在梯形中央绘制两条线段，在属性栏中单击"描边"，在下拉面板中选择"圆头端点"，然后将"描边"粗细改为3pt，将颜色改为黑色，如图2.154所示。

步骤 6　使用步骤3的方法在身体上方绘制黑色梯形，作为头部，如图2.155所示。

图 2.154　　　　　　　　　　　　　　　　　图 2.155

⭐ 小提示

身体、腹肌和头部的图形比例要适中。

第2部分：绘制拳头和哑铃。

步骤 1　使用"矩形工具" ▯ 绘制一个矩形，并将其改为圆角，作为拳头轮廓，如图2.156所示。

步骤 2　再绘制一个矩形，大小要比步骤1的小些，如图2.157所示。选中该图形，选择菜单栏中的"对象"-"路径"-"添加锚点"选项，重复添加锚点，最终得到如图2.158所示的图形。

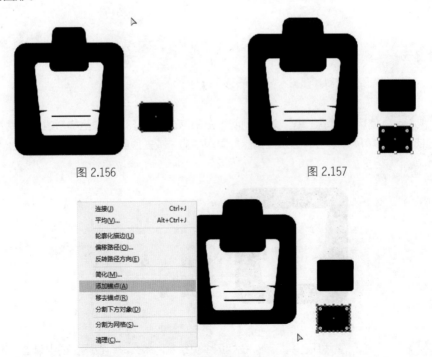

图 2.156　　　　　　　　　　　　　图 2.157

图 2.158

⭐ **小提示**

添加锚点的作用是在每两个锚点之间添加一个新的锚点。

步骤 3 选择"直接选择工具" ▶，框选部分锚点（每隔一个锚点选择一个），将锚点向上移动，并将颜色改为白色填充，再选择"直线段工具" ✏，绘制三条线段，接着框选该图形和线段，放置在步骤 1 图形的上方，如图 2.159 所示。

步骤 4 选中拳头的所有图形，按 Ctrl+G 组合键进行编组，然后将其缩小并放置在身体的右侧，如图 2.160 所示。

图 2.159   图 2.160

步骤 5 将拳头图形复制一份，放置在身体左侧，并双击"镜像工具"，在弹出的对话框中选择"水平"选项，单击"确定"按钮，得到翻转后的拳头图形，如图 2.161 所示。

步骤 6 选择"矩形工具" ▢，在画板空白处绘制一个矩形，拖曳圆角图标，将其改为圆角矩形，并按住 Alt 键将其复制一份，同时改变复制出来的矩形的长度，如图 2.162 所示。

图 2.161   图 2.162

步骤 7 框选两部分图形后，按住 Alt 键复制一份并旋转 180°，单独复制一个圆角矩形，移动至合适的位置，作为哑铃的握把，如图 2.163 所示。

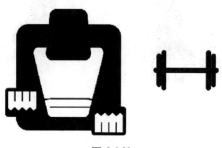

图 2.163

步骤 8 框选所有哑铃部分的图形,按 Ctrl+G 组合键进行编组,并将其移动至左边拳头位置,将拳头图层移动至哑铃图层的上方,调整比例大小,制作手握哑铃的效果,如图 2.164 所示。

⭐ 小提示

双击"腹肌"图形,进入图形的子层级,可有针对性地修改图形的形状。

第 3 部分: 绘制双脚和脸部。

步骤 1 复制一份拳头图形,选择"编组选择工具",把拳头里面的三条线段删除,如图 2.165 所示。再选择"直接选择工具" ▷,框选下方锚点,将其向上移动,把图形放置在身体的下方,并复制一份,作为双脚,如图 2.166 所示。

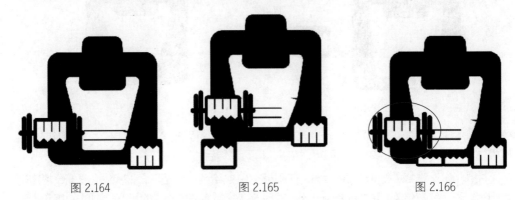

图 2.164　　　　　　　　图 2.165　　　　　　　　图 2.166

步骤 2 选择"钢笔工具" ✐,在头部中央绘制脸部图形,并填充为白色,改为圆角,如图 2.167 所示。

⭐ 小提示

脸部轮廓左右比例要对称,可通过移动锚点进行调整。

步骤 3 使用"钢笔工具" ✐绘制脸部结构,调整锚点,效果如图 2.168 所示。

图 2.167　　　　　　　　　　　　图 2.168

最后,添加文字及装饰并摆放在合适的位置即可。

2.4 正负形 logo 设计

正负形 logo 是正形态元素和负形态元素相结合的图形，能够给人比较丰富的想象空间，人们在寻找隐藏在标志中的负形态元素的同时，能够加深对 logo 的印象。因此，正负形 logo 的设计应用非常巧妙！

 "企鹅与字母 P" logo 设计

本案例完成的最终效果如图 2.169 所示。

图 2.169

知识要点

1. 将字母 P 与企鹅图形进行结合。
2. 使用"曲率工具"可将两锚点之间的直线变成曲线。
3. 使用"渐变工具"时要先把模式转换成 HSB 才可以选取多种颜色。

重要工具

"钢笔工具" ✒️，"曲率工具" ✒️，"矩形工具" ▭，"渐变工具" ◧。

操作步骤

步骤 1 在 Illustrator 中选择"矩形工具" ▭，绘制两个矩形，并对其中一个矩形做圆角处理，然后将二者拼接成 P 的形状，如图 2.170 所示。

⭐ **小提示**

组成 P 的上下图形的比例在视觉上要一致。

步骤 2 导入本书提供的企鹅图片，使用"钢笔工具" 🖊 和"曲率工具" 🖊 绘制企鹅的轮廓。注意只需要绘制企鹅上身轮廓，且不用绘制得太过细致，如图 2.171 所示。

图 2.170　　　　　　　　　　　　图 2.171

⭐ **小提示**

使用"曲率工具" 🖊 可将两个锚点之间的直线段变成曲线，在绘制过程中可灵活使用。

步骤 3 将绘制好的企鹅轮廓放置在 P 图形的上方，并将填充颜色改成和 P 不同的颜色（这里只做对比），如图 2.172 所示。

步骤 4 选择菜单栏中的"窗口"-"路径查找器"选项，调出"路径查找器"面板，框选组成 P 的两个图形，单击"联集"按钮，将其组成完整图形，如图 2.173 所示。

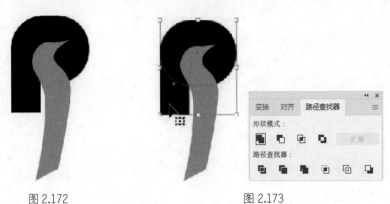

图 2.172　　　　　　　　　　　　图 2.173

步骤 5 调整企鹅轮廓图形，使它与 P 图形完美贴合。全部选中图形，单击"路径查找器"面板中的"减去顶层"按钮，得到负空间图形，如图 2.174 所示。

图 2.174

步骤 6 选择"钢笔工具" ✏️，在图形的左下方绘制一个三角形，同样使用"减去顶层"把企鹅的手凸显出来，如图 2.175 所示。

图 2.175

步骤 7 使用"钢笔工具" ✏️在企鹅头部绘制眼睛，如图 2.176 所示。

图 2.176

步骤 8 单击工具栏中的"渐变工具"按钮 ▣，在弹出的"渐变"面板中双击左右两边的滑块，在新打开面板的右上方菜单选项中选择 HSB 的颜色模式，如图 2.177 所示。这时可以选取合适的颜色，案例中选择的是由深蓝到浅蓝的渐变色，如图 2.178 所示。

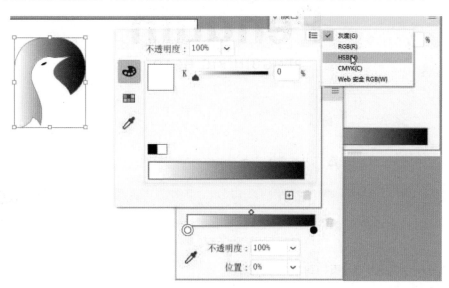

图 2.177

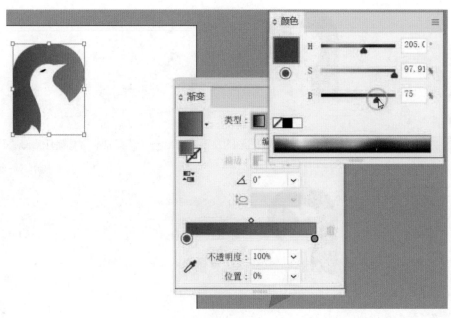

图 2.178

步骤 9 选择"文字工具" T ，在空白处输入并编辑相关文字，放置在 logo 图形的下方，如图 2.179 所示。

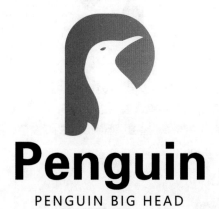

图 2.179

案例
29 "猫与字母 A" logo 设计

本案例完成的最终效果如图 2.180 所示。

图 2.180

知识要点

1. 将猫的侧面轮廓与字母 A 相结合。
2. 猫的脖子可以与字母 A 形成负空间。
3. 使用"曲率工具"能够将两个锚点之间的直线变成平滑的曲线。

重要工具

"钢笔工具" ✐.，"多边形工具" ⬡.，"曲率工具" ✎，"渐变工具" ▥。

操作步骤

步骤 1　通过观察猫向侧面观望时的动作,发现猫弯曲的脖子能够与字母 A 产生负空间。因此字母 A 可与猫侧面轮廓进行结合形成负空间 logo。

步骤 2　打开 Illustrator 软件，选择"多边形工具" ⬡绘制三角形（如果预览绘制的是六边形，可在不松开鼠标的情况下按键盘的上下键调整边数），将颜色填充为黑色后将其三个角转为圆角，如图 2.181 所示。

> ⭐ 小提示
>
> 倒圆角的三角形能够给人温和的感觉，贴合猫的主题。

步骤 3　打开本书提供的参考图片，选择"钢笔工具" ✐，绘制猫的轮廓，如图 2.182 所示。

步骤 4　将尾巴删除,框选轮廓中的部分锚点,进行调整（可利用"曲率工具" ✎对两锚点之间的线段进行拖曳,从而产生平滑的曲线）,最终得到如图 2.183 所示的效果。

图 2.181

图 2.182

图 2.183

⭐ 小提示

将尾巴轮廓融入图形中会导致 logo 整体不协调，因此不必绘制。

步骤 5 将猫的图形调整比例后放置在三角形的上方，并框选两个图形，选择菜单栏中的"窗口"–"路径查找器"选项，在"路径查找器"面板中单击"减去顶层"按钮，得到负空间图形，如图 2.184 所示。

图 2.184

步骤 6 选择"曲率工具"🖋，将图形中不规则的线段调整为平滑的曲线，如图 2.185 所示。

⭐ 小提示

注意猫的轮廓与三角形之间的留白不能过大。

步骤 7 选择"钢笔工具"🖋，在猫的头部绘制眼睛，并调整比例和位置，如图 2.186 所示。

图 2.185

图 2.186

步骤 8 框选所有图形后，单击工具栏中的"渐变"按钮，在弹出的"渐变"属性面板中双击左右两边的滑块，在新打开面板右上方菜单选项中选择 HSB，如图 2.187 所示。这时可以选取合适的颜色，案例中选择的是由橙色到黄色的渐变色，如图 2.188 所示。

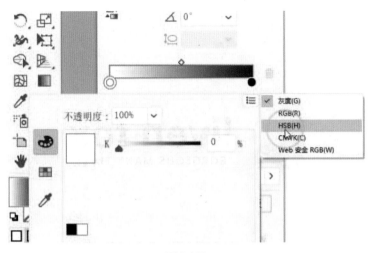

图 2.187

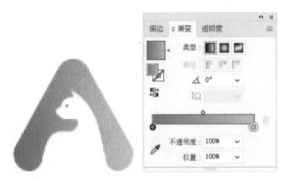

图 2.188

步骤 9 选择"文字工具" **T**，编辑文案（文案可根据 logo 的意义编写），将文案放置在图形的下方，如图 2.189 所示。

图 2.189

"狐狸与字母 L" logo 设计

本案例完成的最终效果如图 2.190 所示。

图 2.190

▓▓ 知识要点

1. 狐狸图形与字母 L 之间能够产生负空间。
2. 使用"曲率工具"能够将两个锚点之间的直线转变成平滑的曲线。
3. 狐狸尾巴不宜过长，否则影响 logo 的整体比例。

✏ 重要工具

"钢笔工具" ✐，"曲率工具" ✐，"矩形工具" ▢，"渐变工具" ▮，"平滑工具" ✐。

▤ 操作步骤

步骤 1 打开 Illustrator 软件，选择"矩形工具" ▢，在画板空白处绘制两个矩形，并将其拼接成字母 L 的形状，如图 2.191 所示。

步骤 2 将本书提供的狐狸图片导入画板中，选择"钢笔工具" ✐，绘制狐狸的头部轮廓，如图 2.192 所示。

图 2.191

图 2.192

步骤 3 去掉字母 L 下方的矩形，选择"曲率工具" ✐，绘制曲线图形，表现出狐狸尾巴的特征，如图 2.193 所示。

步骤 4 框选字母 L 上方的矩形，选择"钢笔工具" ✐，单击矩形右上角的锚点，将其去除，再使用"曲率工具" ✐将其调整成平滑的曲线，如图 2.194 所示。

图 2.193　　　　　　　　　　　图 2.194

步骤 5 选择菜单栏中的"窗口"-"路径查找器"选项，弹出"路径查找器"面板，框选两个图形后，单击面板中的"联集"按钮，将两个图形相加得到完整图形，如图 2.195 所示。

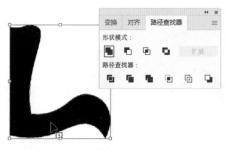

图 2.195

🌸 小提示

狐狸尾巴图形不宜过长，否则会影响 logo 的整体比例。

步骤 6 灵活使用"钢笔工具" ✐和"曲率工具" ✐，将图形调整成如图 2.196 所示的效果。

步骤 7 框选狐狸头部的图形，在倒入一定的圆角弧度后，放置在字母 L 图形的上方，调整比例和位置，如图 2.197 所示。

图 2.196　　　　　　　　　　　图 2.197

步骤 8 框选所有图形，单击"路径查找器"面板中的"减去顶层"按钮，如图2.198 所示。

图 2.198

步骤 9 选择"钢笔工具" ，在狐狸头部位置绘制眼睛，如图2.199 所示。

步骤 10 选择"渐变工具" ，将渐变调整为由深紫色到浅紫色，如图2.200 所示。

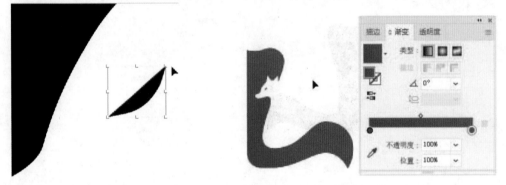

图 2.199   图 2.200

步骤 11 选择"文字工具" ，单击空白处，输入并编辑文字（文案可根据 logo 的含义来定义），最后放置在图形的右侧，如图2.201 所示。

图 2.201

2.5 三维空间 logo 设计

logo 的空间塑造可以让人产生无限的遐想，耐人寻味。空间感强的标志，其视觉效果也更加丰富。

案例
31 "SPACE" logo 设计

本案例完成的最终效果如图 2.202 所示。

图 2.202

知识要点

1. 借用图形的黑白颜色来区分光影的明暗,从而得到具有空间感的 logo。
2. 调整渐变的不透明度可得到阴影效果。

重要工具

"多边形工具" ⬡.,"旋转工具" ↻.,"直接选择工具" ▶,"钢笔工具" ✎.,"渐变工具" ■。

操作步骤

步骤 1 打开 Illustrator 软件,使用"多边形工具" ⬡ 在画板空白处绘制一个六边形,如图 2.203 所示。

图 2.203

步骤 2 双击"旋转工具" ⟲ ，在弹出的"旋转"对话框中输入"角度"值为30，将尖角调整至垂直向上，如图2.204所示。

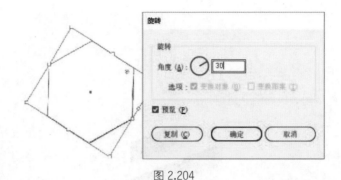

图 2.204

步骤 3 选择"直接选择工具" ▷ ，框选上方三个锚点，按Delete键将其删除，如图2.205所示。单独选择线条，按住Alt键向上复制，使得两条线条都处于平行状态，最后闭合线条，如图2.206所示。

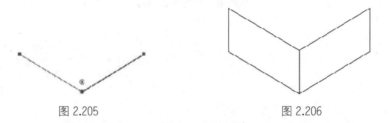

图 2.205　　　　　　　　　　　　　　　图 2.206

步骤 4 框选左边的矩形，将其颜色改为黑色填充（黑色部分是阴影，白色为高光），如图2.207所示。

步骤 5 框选两个图形，按住Alt键复制一份并往上移动，再选择"镜像工具" ◁▷ ，在弹出的属性对话框中选择"水平"，然后将复制的两个图形黑白色调换，如图2.208所示。

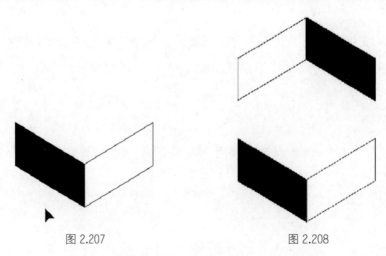

图 2.207　　　　　　　　　　　　　　　图 2.208

步骤 6 选择"钢笔工具" ✎ ，将图形连接起来，并填充为黑色，如图2.209所示。然后选择该图形，选择菜单栏中的"对象"-"排列"-"置于最底层"选项，改变图层的顺序，效果如图 2.210 所示。

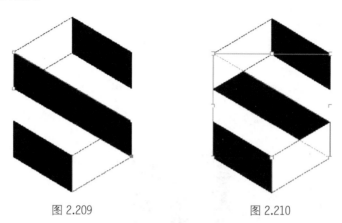

图 2.209　　　　　　　　　　图 2.210

步骤 7　选择"钢笔工具"，在黑色图形边上绘制图形，再双击工具栏中的"渐变"按钮，在弹出的"渐变"面板中，将左边滑块的颜色改为白色，设置"不透明度"为 0，将右边的滑块改为黑色，设置"不透明度"为 50%，如图 2.211 所示。选择"渐变工具"，在阴影图形处单击并拖曳，调整其角度。

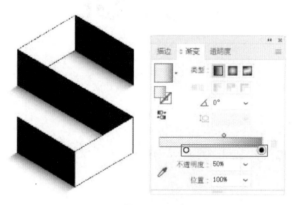

图 2.211

步骤 8　框选所有图形后，调整高度，如图 2.212 所示。

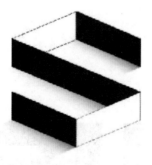

图 2.212

最后添加适当的文字并摆放在合适的位置即可。

案例
32 "UCUBE" logo 设计

本案例完成的最终效果如图 2.213 所示。

图 2.213

知识要点

1. 使用"3D 凸出与斜角"可使图形具有 3D 效果。
2. 通过黑白颜色营造高光和阴影，从而得到一种三维效果。

重要工具

"矩形工具" □，"编组选择工具" ▶，"直接选择工具" ▷。

操作步骤

步骤 1　打开 Illustrator 软件，选择"矩形工具" □，在画板空白处绘制矩形，并组成字母 U 和字母 E，如图 2.214 所示。

图 2.214

☆ 小提示

利用基本矩形组合字母图形时，要注意矩形之间的比例和间隙问题。

步骤 2 将 U 和 E 两个字母图形的颜色改为灰色。首先框选 E 图形，选择菜单栏中的
"效果"–"3D"–"凸出和斜角"选项，如图 2.215 所示，将弹出"3D 凸出和斜角选项"
对话框，在"位置"下拉列表中选择"等角 – 右方"选项，在预览中可以看到字母 E 的立体图形，
如图 2.216 所示。

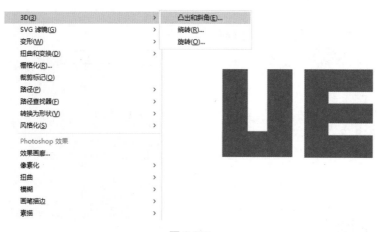

图 2.215

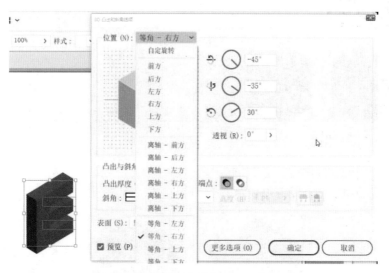

图 2.216

☆ 小提示

在"位置"下方可直接选择拟定好的角度。

步骤 3 将"凸出厚度"的数值改为 180pt，如图 2.217 所示。

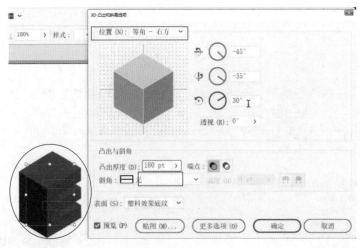

图 2.217

步骤 4 框选 U 图形，重复步骤 2 的操作，其中将"位置"设置为"等角－左方"，得到如图 2.218 所示的效果。

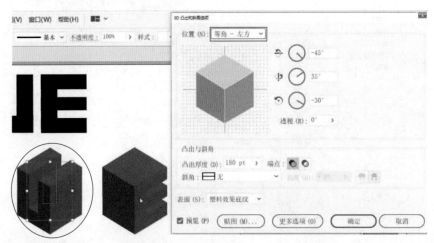

图 2.218

步骤 5 框选得到的 3D 字母图形，选择菜单栏中的"对象"－"扩展外观"选项，并取消编组，得到色块，如图 2.219 所示。

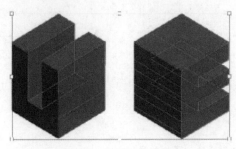

图 2.219

步骤 6 选择"编组选择工具" ，将字母 E 多余的色块去除，如图 2.220 所示。

步骤 7 框选字母 U 与字母 E 的图形，随后用"编组选择工具" 将多余色块去除，最后将颜色统一改为黑色，得到如图 2.221 所示的效果。

图 2.220

图 2.221

最后添加需要的文字并摆放在适当的位置即可。

💭 **小提示**

白色部分为高光部分，黑色部分为阴影部分，在色块拼接过程中还要考虑黑色和白色的占比。

2.6 人物肖像 logo 设计

肖像 logo 就是指将个人肖像作为图形要素制作的 logo，较为知名的肖像 logo 有老干妈、肯德基等。其优势是能令人感到亲近，且具有辨识度。

案例 33 "万老师肖像"logo 设计

本案例完成的最终效果如图 2.222 所示。

图 2.222

知识要点

1. 利用 Photoshop 软件里的"去色"和"色阶"功能可得到颜色分明的黑白图片。
2. 使用 Illustrator 软件中的"图像描摹"功能,可将图片转成矢量图形。

重要工具

"钢笔工具"，"平滑工具"。

操作步骤

步骤 1 用 Photoshop 软件打开本书提供的人物图片,然后选择"图像"–"调整"–"去色"选项,得到如图 2.223 所示的效果。

图 2.223

步骤 2 单击"图层"面板下方的"创建新的填充或调整图层"按钮，在下拉菜单中选择"色阶"选项,这时会弹出"色阶"的属性面板,如图 2.224 所示。

步骤 3 选择面板中的"黑色吸管",单击图像中的黑色部分。选择"白色吸管",单击图像中的偏白部分。随后移动下方两个滑块,调整人脸部分的阴影和高光,得到如图 2.225

所示的效果。

图 2.224

图 2.225

⭐ 小提示

　　移动不同的滑块，调整颜色值，可以改变图片的明暗度、饱和度及亮度。

　步骤 4　选择"矩形选框工具"框选人物头部，按 Ctrl+C 组合键复制，切换到 Illustrator 软件，按 Ctrl+V 组合键粘贴，如图 2.226 所示。

图 2.226

　步骤 5　选中图片后，单击属性栏中的"图像描摹"按钮，得到如图 2.227 所示的效果。

⭐ 小提示

　　将图片直接转为矢量图形后会出现很多毛边，因此需要结合多个工具去除毛边。

图 2.227

步骤 6 结合"钢笔工具" ✐、"斑点画笔工具" ✐、"平滑工具" ✐，将脸部周围有毛边的部分去除，最终效果如图 2.228 所示。

步骤 7 选择"钢笔工具" ✐，对照人物肖像图绘制出耳朵的轮廓，如图 2.229 所示。

图 2.228

图 2.229

步骤 8 用同样的方法绘制眼镜的轮廓，如图 2.230 所示。

图 2.230

步骤 9 选择菜单栏中的"窗口"-"路径查找器"选项,调出"路径查找器"面板,框选所有的图形,单击面板中的"联集"按钮,得到完整的肖像图形,如图 2.231 所示。

图 2.231

步骤 10 双击工具栏中的"填充"按钮,在弹出的"拾色器"对话框中将颜色改为深蓝色(颜色可任意选择),如图 2.232 所示。

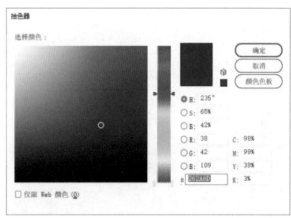

图 2.232

最后添加需要的文字并摆放在适当的位置即可。

案例 34 "COWBOYBUSY" logo 设计

本案例完成的最终效果如图 2.233 所示。

图 2.233

知识要点

1. 设计此类型的人物肖像 logo 之前，需找到合适的高清图片。
2. 选择"黑白"选项可将彩色照片转变成黑白图片。
3. 通过移动"色阶"属性面板里的滑块，可调整图片的黑白程度。
4. 使用"图像描摹"功能可将图片转变成可编辑的矢量图形。

重要工具

"钢笔工具" ，"平滑工具" ，"直接选择工具" 。

操作步骤

步骤 1 将本书提供的参考照片拖进 Photoshop 软件中，单击"图层"面板下方的"创建新的填充或调整图层"按钮 ，选择"黑白"选项，将图像中所有的颜色改为灰白色，如图 2.234 所示。

图 2.234

★ 小提示

设计此类型的人物肖像 logo，需要使用高清图片做参考。

步骤 2　再选择"色阶"选项，如图 2.235 所示，这时会弹出"色阶"的属性面板，移动其中的滑块，得到如图 2.236 所示效果。

图 2.235

图 2.236

★ 小提示

调整"色阶"的作用是通过移动滑块来改变黑白的程度，从而得到人物的轮廓。

步骤 ③ 按 Shift+Ctrl+E 组合键（该组合键是将可见图层合并成一个图层），再选择"矩形选框工具"框选人物轮廓，如图 2.237 所示。按 Ctrl+C 组合键复制人物轮廓，随后打开 Illustrator 软件，按 Ctrl+V 组合键粘贴到画板中，如图 2.238 所示。

图 2.237

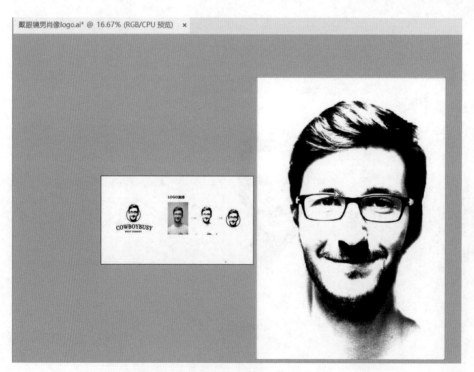

图 2.238

步骤 ④ 框选导入的图片，单击属性栏中的"图像描摹"按钮，可以得到可编辑的图形，如图 2.239 所示。

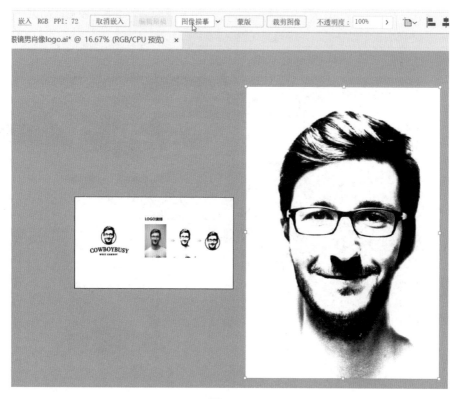

图 2.239

步骤 5 选择"直接选择工具",框选白色块并将其删除,只保留黑色部分即可。选择工具栏中的"平滑工具" ✏,单击拖动锚点较多的地方,减少锚点,如图 2.240 所示。

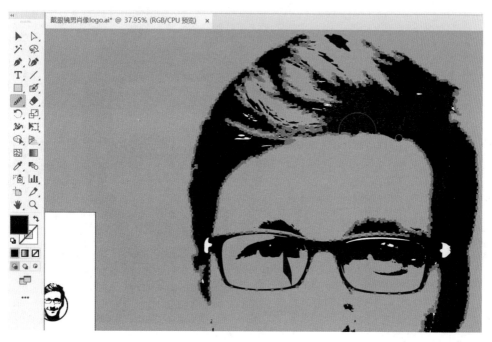

图 2.240

步骤 6 如果发现使用"平滑工具"无法令锚点较多的地方平滑，可直接使用"钢笔工具"绘制黑色色块进行填补或删除锚点，如图 2.241 所示。

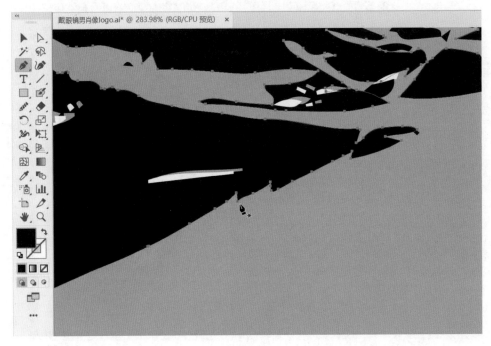

图 2.241

步骤 7 选择"椭圆工具" ⬤，在头像的中心位置绘制一个圆形，将"描边"改为40pt。再选择"直接选择工具"，单击圆形线条上方，产生多个锚点并删除，如图 2.242 所示。

图 2.242

步骤 8 选择"直接选择工具"，框选头像下方多出来的图形锚点并按 Delete 键删除，如图 2.243 所示。利用"钢笔工具"绘制黑色色块进行填补，然后使用"文字工具"输入并编辑相关文字，得到如图 2.244 所示效果。

图 2.243

图 2.244

第3章

宣传页设计

宣传页是视觉形象化的设计，是使用视觉语言将广告创意予以形象化的表现。优秀的宣传页具有很强的渲染力，能生动、准确地传达信息。

"10 元优惠券" 设计

本案例完成的最终效果如图 3.1 所示。

图 3.1

知识要点

1. 可通过调整数值来改变矩形 4 个圆角的半径。
2. "剪贴蒙版"的作用是用下方图层的形状来限制上方图层的显示状态。

重要工具

"圆角矩形工具" □,, "文字工具" T,, "直线工具" ╱,。

操作步骤

步骤 1　打开 Photoshop 软件, 新建一个面板。选择工具栏中的"圆角矩形工具" □,, 在画板中绘制一个带有圆角的长方形, 如图 3.2 所示, 这时会弹出"属性"面板。

> ★ 小提示
>
> 在工具栏中单击"矩形工具"按钮 □ 并长按, 可看到"圆角矩形工具" □,。

步骤 2　单击"属性"面板中"外观"下方的"填色"图标, 在弹出的纯色属性框中选择合适的颜色, 这里选择粉红色, 单击"确定"按钮, 效果如图 3.3 所示。

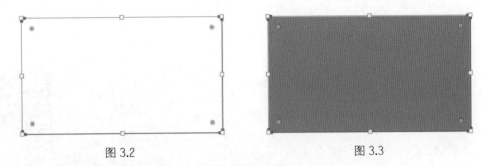

图 3.2   图 3.3

步骤 3　在"外观"属性中还可调整圆角的半径值，如图 3.4 所示。

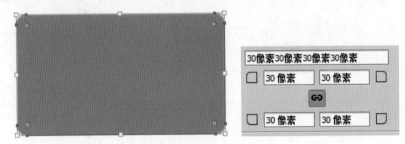

图 3.4

⭐ 小提示

　　选中数值中间的"将角半径值链接在一起"按钮，即可统一调整圆角的半径值。

步骤 4　选择"矩形工具" ▢，在前一个图形中央绘制长方形，并将其移动至左侧，将填充色改为白色，如图 3.5 所示。

步骤 5　选择"文字工具" T，在空白处输入文字"立即领取"，然后选择菜单栏中的"文字"-"文字排列方向"-"竖排"选项，将文字改为竖排的方式，调整好文字大小后将文字移动至白色框的右侧，并将文字改为白色填充，如图 3.6 所示。

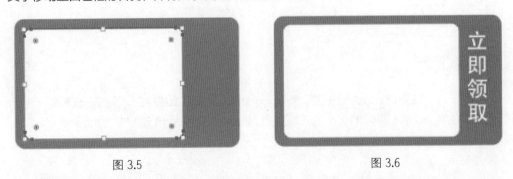

图 3.5   图 3.6

步骤 6　单击"图层"面板下方的"新建图层"按钮 🔲，选择"矩形选框工具" ▢，在白色图形的下方框选，如图 3.7 所示。然后单击工具栏中的"填充"按钮，在弹出的"拾色器"对话框中选择蓝色，单击"确定"按钮后按 Alt+Delete 组合键填充，得到蓝色色块，如图 3.8 所示。

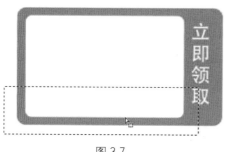

图 3.7

图 3.8

步骤 7 选择菜单栏中的"图层"-"创建剪贴蒙版"选项，效果如图 3.9 所示。

⭐ **小提示**

　　使用"剪贴蒙版"时，被剪贴的图层要放在剪贴图层的上方。

步骤 8 选择"文字工具" T，在空白处输入"新人专享券"文字，将填充色改为白色，并移动至蓝色色块的中间，如图 3.10 所示。

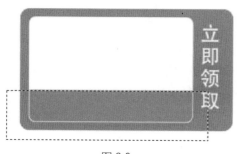

图 3.9

图 3.10

步骤 9 选择"直线工具" ，在文字两边绘制两条直线段，在属性栏中将填充色改为"无颜色"，将描边改为"白色"，描边粗细可根据实际情况进行设置，作为装饰，如图 3.11 所示。

步骤 10 选择"文字工具" T，在空白处输入案例中剩余的文字，并将文字的颜色改为与优惠券背景框一样的颜色（粉红色），然后将其移动到如图 3.12 所示的位置。

图 3.11

图 3.12

⭐ **小提示**

　　根据文字的信息层级来排版，包含重要信息的文字要大于其他文字。

步骤 11　选中白色圆角矩形所在的图层，选择"椭圆工具" ，单击属性栏中的"路径操作"按钮，在下拉列表中选择"减去顶层形状"选项，如图 3.13 所示。

步骤 12　按住 Shift 键绘制一个圆形，单击属性栏中的"对齐"按钮，在下拉列表中选择"居中对齐"选项，得到如图 3.14 所示的效果。

图 3.13　　　　　　　　　　　　　图 3.14

步骤 13　选中白色矩形所在的图层，选择步骤 12 绘制的圆形，复制一份并移动至另一边，如图 3.15 所示。

图 3.15

案例 36 "名片"设计

本案例完成的最终效果如图 3.16 所示。

图 3.16

✦ 知识要点

1. 制作名片时要将颜色模式改为 CMYK。
2. 常用的名片尺寸为 90mm×54mm。
3. 名片中的文字设计要有层次感。

✒ 重要工具

"文字工具" **T**。

▤ 操作步骤

步骤 1 新建 Photoshop 画板。设置"宽度"为 90 毫米，"高度"为 54 毫米，"分辨率"为 300 像素/英寸，如图 3.17 所示，单击"确定"按钮得到画板。

★ 小提示

对于印刷文件，需要将"颜色模式"改为"CMYK 颜色"。

步骤 2 选择"文字工具" **T**，单击画板中的空白处输入字母 M，作为名片中的 logo 图形，再输入公司名称，并放置在 logo 图形右侧，然后调整整体大小和位置，效果如图 3.18 所示。

图 3.17

图 3.18

★ 小提示

英文和中文要有主次之分。

步骤 3 拖入二维码素材，并放置在如图 3.19 所示的位置。

步骤 4 选择"文字工具" ，输入名字、职称，以及其他信息，如图 3.20 所示。

图 3.19   图 3.20

⭐ 小提示

在信息层级之间可以添加一些线段作为点缀，以提升名片质感。

步骤 5 将正面所有图层选中后，按 Ctrl+G 组合键进行编组，单击"图层"面板中该图层左侧的小眼睛图标，将其隐藏，然后单击"图层"面板下方的"创建新图层"按钮 ，并将画板填充成蓝色，如图 3.21 所示。

图 3.21

⭐ 小提示

背面的颜色要与 logo 图形的色调保持统一。

步骤 6 选中正面的字母 M 和公司名称所在的图层，按住 Alt 键将其复制到背面，如图 3.22 所示，并按 Ctrl+G 组合键进行编组。

步骤 7 按 Ctrl+A 组合键全选，这时画板周边会出现虚线，表示选区，选中步骤 6 的选组后单击属性栏上方的"对齐"按钮，使其居中，效果如图 3.23 所示。

步骤 8 双击步骤 7 的选组，在弹出的"图层样式"对话框中选中"颜色叠加"，如图 3.24 所示。

图 3.22

图 3.23

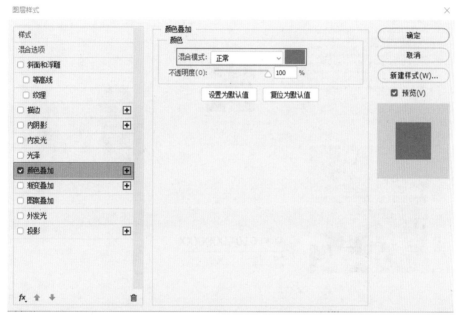

图 3.24

步骤 9 在"混合模式"下拉列表框中选择"正常",然后单击右边的色块,将颜色改为白色,效果如图 3.25 所示。

步骤 10 选择字母 M 所在的图层,按 Alt 键复制一份,按 Ctrl+T 组合键将其放大到整体超过画板大小,再调整不透明度,效果如图 3.26 所示。

图 3.25

图 3.26

案例 37 "企业三折页"设计

本案例完成的最终效果如图 3.27 所示。

标准化后期服务

公司坚持"诚信服务,科技创新,用户至上"的经营理念,公司发展以科技为先导,拥有一套完整的管理体系,拥有高级工程师及高素质管理人员15人,大中专生12人,员工50人,施工队伍100余人。通过有关院校的合作和内部自主研发,大大提升了产品的科技含量,公司管理以人为本,注重技术力量的储备,广泛征求用户意见,不断提高产品品质和售后服务水平,并始终以高质量的产品,快捷的交货方式,产品实行质量跟踪服务,优良的品质,完善的售后服务赢得了广大客户的支持和厚爱,使公司在短短的几年里到国内在保温领域里赢得有了属于自己的一片蓝天。

JOIN US
加入我们

∥合作共赢·开放未来∥
EMPLOYEE CULTURE, ALSO KNOWN AS ENTERPRISE VALUE CULTURE, IS A CULTURAL FORM CORRESPONDING TO ENTERPRISE CULTURE

企业宣传册
ENTERPRISE BROCHURE ∥ 合作共赢·开放未来∥

📞 咨询电话 400+ **010-XXXXXXX**
手机:129XXXXXXXX   Email: xxxxbhjd.com
微信:juhnxxxxxx   地址:某某大街对面23号

某某某科技有限公司
XX.XX.TECHNOLOGY.CO.,LTD

合作共赢·开放未来
WIN WIN COOPERATION AND OPEN THE FUTURE

02
企业文化
创造不息·功成名就 CORPORATE CULTURE

3大
产品优势

01
企业简介
合作共赢·开放未来 COMPANY PROFILE

创新科技结合

悠久的历史和强大的规模让我们公司在业内享有盛誉,我们秉承传统工艺和现代科技相结合的理念,注重技术的不断更新和产品性能的持续优化。

自2000年成立以来,我们始终坚持志在科技创新的前沿,致力于实现人类未来,作为一家全球领先的科技公司,我们以卓越的品质、优质的服务以及不断创新的精神,赢得了全球客户的信赖与支持。我们的产品涵盖人工智能、物联网、云计算等多个领域,为政府、企业以及个人提供全方位的解决方案,我们拥有一支专业的研发团队,专注于技术的研发与创新,为全球客户提供更高效、更智能、更智慧的产品和服务。

创新与卓越

我们公司拥有多年的行业经验,以创新和卓越的服务质量为核心竞争力,致力于为客户提供最优质的产品和服务,作为业界的佼佼者,我们始终坚持以客户需求为导向。

03
关于我们
奋发图强·精益求精 ABOUT US

WIN WIN COOPERATION AND OPEN THE FUTURE
创新科技·卓越品质

定制化服务体验

在我们的公司,我们致力于为客户创造最大的价值。我们通过深入洞察客户的需求,为他们提供定制化的解决方案,我们的团队合全力以赴,用他们的专业知识和经验,帮助我们客户实现他们的商业目标,我们以创新、品质和服务为己任,始终为客户创造最好的体验。

我们是一家专业从事XX领域的公司,拥有丰富的经验和高素质的人才团队,我们致力于为客户提供优质、高效、专业的服务,帮助客户实现梦想,我们公司以创新思维和卓越技术引领市场,致力于为客户提供高效、优质的解决方案。

创新、品质、服务,一直是我们的核心价值。我们的公司不断进步,通过持续的投入和创新,将始终为客户提供更高质量的产品体验和更优质的服务。我们的团队由一群充满激情和才华的人组成,他们致力于在各自的领域里做到最好,以实现公司的愿景。我们以客户为中心,致力于满足您的个性化需求,为您创造更大的商业价值。

图 3.27

❖❖ 知识要点

1. 可利用"剪切蒙版"将图片剪切进图形中。
2. 文字排版时要注意主次之分。

✎ 重要工具

"文字工具" **T.**，"矩形工具" **□.**，"钢笔工具" **✐.**。

▒ 操作步骤

步骤 ① 在 Illustrator 中新建"宽度"为27.5cm、"高度"为19.8cm 的画板，设置"颜色模式"为"CMYK 颜色"，如图 3.28 所示。

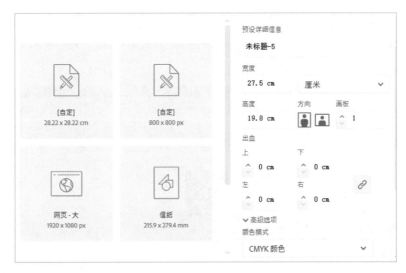

图 3.28

步骤 ② 选择"直线段工具" **╱.**，在画板中绘制三条竖线，全选线条后单击"对齐"面板中的"水平居中分布"按钮，得到均匀分布的线条，线条将版面划分成三个板块，中间的为三折页的背面，如图 3.29 所示。

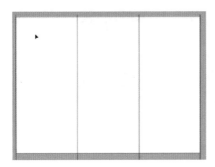 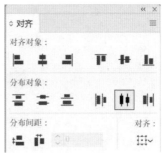

图 3.29

步骤 3 全选线条后,选择菜单栏中的"视图"-"参考线"-"建立参考线"选项,得到四条参考线,如图 3.30 所示。

步骤 4 将二维码素材导入画板中,调整大小后放置在中心位置。然后选择"矩形工具"□,在二维码周边绘制正方形,去掉填充,将其改为蓝色描边,得到如图 3.31 所示效果。

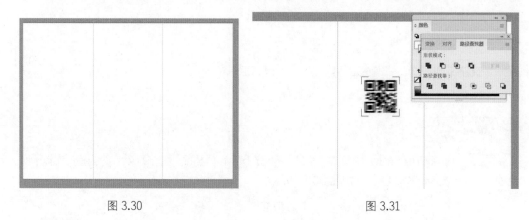

图 3.30   图 3.31

步骤 5 选择"文字工具"T,单击画板空白处输入文字信息,并进行排版,如图 3.32 所示。

合作共赢·开放未来

EMPLOYEE CULTURE, ALSO KNOWN AS ENTERPRISE VALUE CULTURE, IS A
CULTURAL FORM CORRESPONDING TO ENTERPRISE CULTURE

📞 服务电话 **010-XXXXXXX**
400+

手机:129XXXXXXXX   Email:xxxxbhjd.com
微信:juhnxxxxxx   地址:某某大街对面23号

图 3.32

⭐ **小提示**

文字信息要区分层级。

步骤 6 选择"钢笔工具"✏,在第三个板块中绘制曲线图形,并填充任意颜色。然后将准备好的图片素材导入 Illustrator 中,将其放置在图形的下方,如图 3.33 所示。

图 3.33

步骤 7 选择菜单栏中的"对象"-"剪切蒙版"-"建立"选项，可将图片剪切进图形中，如图 3.34 所示。

图 3.34

小提示

剪切蒙版时，要将图形放在被剪切图片的上方。

步骤8 单击属性栏上方的"编辑内容"按钮，可以移动图片。继续使用"钢笔工具" ✏
绘制曲线图形，然后导入对应图片，并剪切到图形中，最终得到如图 3.35 所示的效果。

图 3.35

步骤9 选择"文字工具" T ，输入正面的文字信息并排版成如图 3.36 所示的效果。

图 3.36

步骤 10 重复步骤9，将左侧文字排版成如图3.37所示的效果。

图 3.37

步骤 11 选择"矩形工具" ▢，绘制5个矩形，框选所有图形，单击"路径查找器"面板中的"减去顶层"按钮，得到如图3.38所示的效果。

图 3.38

步骤 12 重复步骤7中的方法，将图片剪切进图形中，然后输入相关文字，排版到图形框中，如图3.39所示。

步骤 13 用同样的操作方法设计另外三面，具体操作方法可参考教学视频。

图 3.39

案例 38 "教育宣传单"设计

本案例完成的最终效果如图 3.40 所示。

图 3.40

知识要点

1. 制作单页渐变背景。
2. 使用"剪切蒙版"可将上方图层中的元素剪切进下方图层中。
3. 文字居中排版。

重要工具

"钢笔工具" *∅.*，"画笔工具" *✔.*，"矩形工具" *▢.*。

操作步骤

步骤 1 在 Photoshop 中新建一个"宽度"为 1250 像素、"高度"为 1754 像素的画布，并将"分辨率"设置为 150 像素 / 英寸，将"颜色模式"改为"RGB 颜色"，单击"创建"按钮，得到画板，如图 3.41 所示。

图 3.41

小提示

为便于教学，教学视频中采用 RGB 颜色模式，实际印刷模式是 CMYK 颜色模式。

步骤 2 选择"钢笔工具" *∅.*，在画板的上方绘制一个矩形，并按 Ctrl+Enter 组合键得到选区，如图 3.42 所示。

步骤 3 新建一个图层，单击"前景色"图标▪，选择蓝色，按 Alt+Delete 组合键填充颜色，如图 3.43 所示。

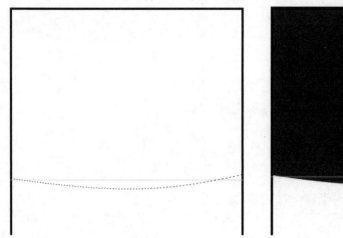 

图 3.42   图 3.43

步骤 4 新建一个图层，选择"画笔工具"✎，单击"前景色"图标，选取比背景更亮一点的颜色，在边缘涂抹高光部分，如图 3.44 所示。

步骤 5 选择菜单栏中的"图层"–"创建剪贴蒙版"选项，将高光图层剪切到背景图层中，如图 3.45 所示。

图 3.44   图 3.45

步骤 6 结合选区和剪切蒙版将背景调整至如图 3.46 所示的效果。

步骤 7 将单页的主题文字放在背景上方，调整好位置，如图 3.47 所示。

图 3.46   图 3.47

⭐ 小提示

该主题文字是一种设计字体，不属于常规字体。

步骤 8   制作背景中的文字偏旁。使用"文字工具" T 输入"阳"字，在"阳"图层上右击，在弹出的快捷菜单中选择"栅格化图层"选项，得到像素文字，再框选文字的部分选区，按 Delete 键将其删除，如图 3.48 所示。

图 3.48

⭐ **小提示**

其余的偏旁部首按同样方法进行设计。

步骤 9 将文案采用居中排版的形式放置在单页中，可利用矩形框突出显示文案中包含的技巧知识点，最终排版效果如图 3.49 所示。

字体教程从零基础到精通
老师一对一指导

图层特效　调色处理　图形绘制　海报设计

平面构成，主要研究在平面设计中美的基本原理，并运用美的形式法则创造形象，对形象与形象之间
形象与空间之间的关系进行处理，以构成理想的新图形。

☎ 0773+
贵宾专线 **6981×××** ┃ 地址：上海市静安区威海路×××号××大厦
运营商：上海海淀区上地信息产业基地

图 3.49

步骤 10 将提供的插画人物素材放置在单页中的合适位置，如图 3.50 所示。

图 3.50

案例
39 "高考海报" 设计

本案例完成的最终效果如图 3.51 所示。

图 3.51

✥ 知识要点

1. 文字可通过变形实现透视效果。
2. 使用"图层蒙版"可将不需要的地方涂抹掉，起到遮挡的效果。

🖊 重要工具

"文字工具" **T.**，"渐变工具" **■.**。

🗇 操作步骤

步骤 1 在 Photoshop 中新建一个"宽度"和"高度"分别为 2000 像素和 3556 像素、

"分辨率"为 72 像素 / 英寸的画板，如图 3.52 所示。

图 3.52

步骤 2 将提供的磨砂背景素材拖入 Photoshop 画板中，如图 3.53 所示，并调整好大小和位置。

图 3.53

步骤 3 选择"文字工具" T ，输入"2022"，调整大小后放置在画板上方，按 Ctrl+T 组合键后，文字周围会出现矩形框，按住 Ctrl+Shift 组合键拖曳矩形边缘，得到透视效果，如图 3.54 所示。

图 3.54

💠 小提示

　　文字要选用较粗的字体，细瘦的字体会让画面整体不饱满。

　　步骤 4　　将做好的透视效果图层复制一份，单击"前景色"图标█，选择颜色，按 Shift+Alt+Delete 组合键填充颜色，作为 2022 文字的阴影部分，如图 3.55 所示。

图 3.55

　　步骤 5　　单击"添加矢量蒙版"按钮 ▫，选择"渐变工具"，然后在属性栏的左上角选择渐变属性，在弹出的"渐变编辑器"对话框中，找到黑白渐变的模式，如图 3.56 所示。随后单击并拖曳阴影部分的渐变，得到如图 3.57 所示的效果。

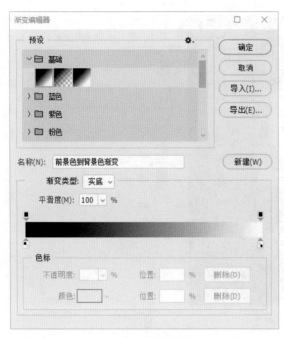

图 3.56 图 3.57

步骤 6 双击 2022 的文字图层，在"图层样式"对话框中选中"渐变叠加"，如图 3.58 所示。单击"渐变"颜色条弹出"渐变编辑器"对话框，修改左右两边滑块的颜色，如图 3.59 所示。

图 3.58

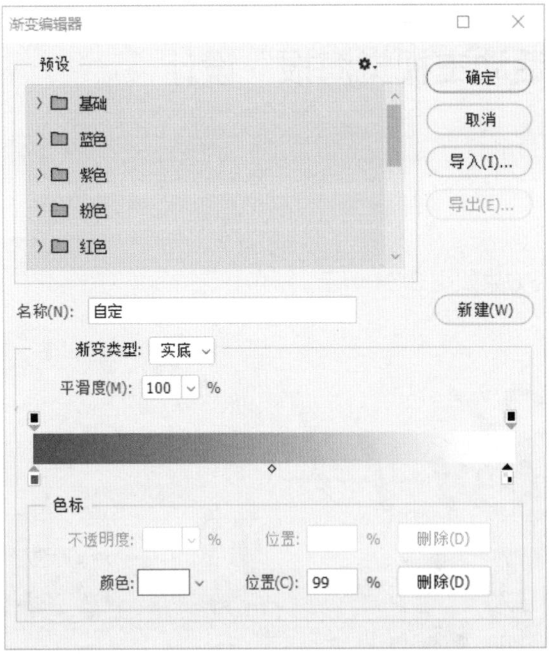

图 3.59

步骤 7 结合以上步骤将剩余文字制作出来，并将提供的线稿素材放置在画面的合适位置，如图 3.60 所示。

图 3.60

案例
40 "音乐节活动主视觉海报"设计

本案例完成的最终效果如图 3.61 所示。

图 3.61

:: 知识要点

1. 使用"钢笔工具"绘制天空和草地。
2. 可将在 Illustrator 中绘制的矢量图形直接拖入 Photoshop 中使用，并且不失真。

✐ 重要工具

"钢笔工具" ∅.，"椭圆选框工具" ○.，"矩形选框工具" □.，"文字工具" T.。

❖ 操作步骤

步骤 1 在 Photoshop 中新建一个"宽度"为 1000 像素、"高度"为 900 像素、"分辨率"为 300 像素 / 英寸的画板，如图 3.62 所示。

步骤 2 设置前景色为蓝色，按 Alt+Delete 组合键进行填充，如图 3.63 所示。

步骤 3 新建一个图层，选择"钢笔工具"，绘制地面形状，并双击将颜色调整为绿色，如图 3.64 所示。

图 3.62　　　　　　　　　　　　图 3.63

图 3.64

步骤 4　使用"钢笔工具"绘制河流形状，并填充成淡蓝色，如图 3.65 所示。

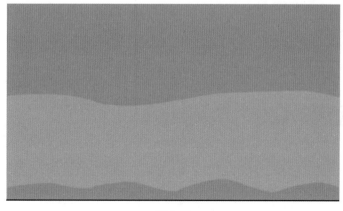

图 3.65

步骤 5　选择"椭圆选框工具"，在天空位置绘制白云，如图3.66所示。

图 3.66

⭐ 小提示

　　按 Shift 键可连续绘制多个椭圆框并相加。

　　步骤 6　新建一个图层，选择"椭圆选框工具"，绘制椭圆框并填充颜色，然后将其拖动至蓝天图层的上方、白云图层的下方位置，如图3.67所示。随后双击该图层，在"图层样式"对话框中选中"渐变叠加"，将"样式"改为"径向"，并调整渐变颜色、角度和缩放属性，再选中"外发光"，并将颜色调整为淡黄色，如图3.68所示，单击"确定"按钮，得到太阳图形。

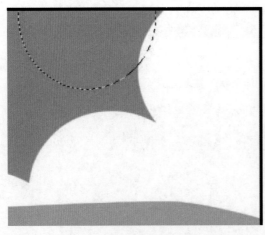

图 3.67

　　步骤 7　选择符合活动海报氛围的字体，输入英文单词"HIGH"，放置在画面左上方（可在本书素材中查找），如图3.69所示。

图层样式

样式

混合选项

- □ 斜面和浮雕
- □ 等高线
- □ 纹理
- □ 描边　⊞
- □ 内阴影　⊞
- □ 内发光
- □ 光泽
- □ 颜色叠加　⊞
- ☑ 渐变叠加　⊞
- □ 图案叠加
- ☑ 外发光
- □ 投影　⊞

外发光

结构

混合模式：　滤色

不透明度(O):　84　%

杂色(N):　0　%

　○　　　○　　　▽

图素

方法：　柔和

扩展(P):　0　%

大小(S):　158　像素

品质

等高线：　　□ 消除锯齿(L)

范围(R):　50　%

抖动(J):　0　%

设置为默认值　　复位为默认值

确定

取消

新建样式(W)...

☑ 预览(V)

fx ↑ ↓ 　🗑

图 3.68

图 3.69

步骤 8　新建一个图层，选择"矩形选框工具"，绘制一个深绿色的矩形，选择"文字工具"，输入文字"一起来嗨吧！"，将文字颜色改为白色，调整文字大小后将其放置在色块的上方，如图 3.70 所示。

⭐ 小提示

色块和英文单词之间要有颜色的区分。

图 3.70

步骤 9 将文案采用"左对齐"的方式进行排版，如图 3.71 所示。

图 3.71

> ⚙ **小提示**
>
> 排版时要注意文字之间的间隙和主次之分。

步骤 10 将提供的人物和植物的素材拖入 Photoshop 画板中，并根据画面调整大小和位置，如图 3.72 所示。

> ⚙ **小提示**
>
> 海报中矢量素材的绘制方法请观看教学视频。

图 3.72

案例
41 "汽车广告"设计

本案例完成的最终效果如图 3.73 所示。

图 3.73

❖✦ 知识要点

1. 居中排版突出汽车和风景。
2. 利用图层蒙版可擦除多余部分，制作山的倒影。

🖉 重要工具

"画笔工具" ✎，"渐变工具" ▣，"图层蒙版" ▫。

❖ 操作步骤

步骤 1　打开 Photoshop 软件，新建（快捷键为 Ctrl+N）一个 1800 像素 × 1000 像素、分辨率为 300 像素 / 英寸的画布，如图 3.74 所示。单击"前景色"图标，在弹出的对话框中拾取类似天空的蓝色，如图 3.75 所示。

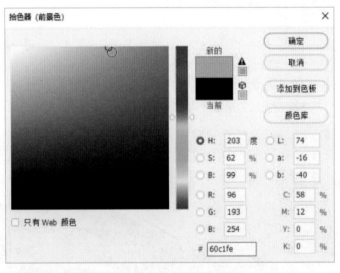

图 3.74　　　　　　　　　　　　　　　图 3.75

步骤 2　新建图层，使用"渐变工具"单击并向下拖曳，形成由白到蓝的天空颜色，如图 3.76 所示。

步骤 3　导入山峰素材图片，调整好位置和大小后，利用"图层蒙版"和"画笔工具"擦除多余部分。选中山峰图层，按 Ctrl+J 组合键复制一份，将图层垂直翻转，形成山峰的倒影，如图 3.77 所示。

步骤 4　导入汽车图片素材，调整位置和大小，使其位于画面中央，再导入其余风景图片素材，利用"图层蒙版"和"画笔工具"将多余部分擦除，如图 3.78 所示。

图 3.76

图 3.77

图 3.78

步骤 5　选择"文字工具"，输入广告语，在汽车的下方居中排版即可，如图 3.79 所示。

图 3.79

步骤 6 框选有关汽车和风景的图层,按 Ctrl+G 组合键进行编组,再利用"色阶"属性将整体画面调亮,最终效果如图 3.80 所示。

图 3.80

第 **4** 章

电商设计

电商设计主要是指电商平台店铺整体形象的创意设计，要把握整体风格和视觉呈现方式，提升店铺的视觉效果，主要设计内容有产品主图、banner（横幅广告）和详情页设计等。

案例 42 "面膜产品主图"设计

本案例完成的最终效果如图 4.1 所示。

图 4.1

知识要点

1. 将画面整体分为三层，第一层为 logo，第二层为产品图片和产品介绍，第三层为产品价格和优惠信息。

2. 产品的价格可以通过添加渐变色块的形式凸显出来。

3. 将面膜产品与水花素材相结合来设计特效。

重要工具

"圆角矩形工具" ，"文字工具" **T.**，"渐变工具" 。

操作步骤

步骤 1 在 Photoshop 中新建一个"宽度"和"高度"都为 800 像素，"分辨率"为 72 像素 / 英寸，"颜色模式"为"RGB 颜色"的画板，如图 4.2 所示。

步骤 2 双击"前景色"图标，将弹出"拾色器"对话框，选择与参考图接近的蓝色，并按 Alt+Delete 组合键进行填充，如图 4.3 所示。

图 4.2

图 4.3

步骤 3 选择"圆角矩形工具"，在画板中绘制一个矩形，并填充为淡蓝色，如图 4.4 所示。

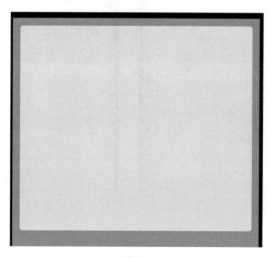

图 4.4

步骤 4 将本书提供的水纹素材拖到画板中，并用剪贴蒙版将其嵌入圆角矩形的图层中，如图 4.5 所示。将面膜素材和水花素材拖入画板中，并移动到合适的位置，如图 4.6 所示。

图 4.5

图 4.6

⭐ **小提示**

　　如果水花的角度与面膜不贴合，可按 Ctrl+T 组合键弹出矩形框，再右击，在弹出的快捷菜单中选择"变形"选项，拖曳素材直到贴合为止。

步骤 5　复制一份面膜产品的图层，按 Ctrl+T 组合键出现矩形框后右击，在弹出的快捷菜单中选择"垂直翻转"选项，再将图层的透明度降低，利用"图层蒙版"将多余的部分擦除，得到如图 4.7 所示的效果。

步骤 6　在适当的位置输入文案文字，如图 4.8 所示。

图 4.7

图 4.8

⭐ **小提示**

　　进行文字排版时要注意主次关系，产品特点和价格可通过矩形色块的形式凸显出来。

案例 43 "医用产品主图"设计

本案例完成的最终效果如图 4.9 所示。

图 4.9

✦✦ 知识要点

1. 电商主图的设计需要场景、产品和文案相互搭配。

2. 文案的排版要注意主次之分，主标题的字号要大于副标题的字号，其次才是介绍产品特点的文字。

3. 主图下方的卖点排版尽量不要超过三个层次。

✎ 重要工具

"钢笔工具" ✍.，"文字工具" T.，"渐变工具" ▥.，"套索工具" ⧨.，"矩形工具" ▢.。

操作步骤

步骤 1 在 Photoshop 中新建一个 800 像素 ×800 像素的画板，将产品图片拖到空白处，如图 4.10 所示。

图 4.10

小提示

根据画面的排版布局，文字应该在画面的左侧，产品图片在右侧。

步骤 2 将底盘素材拖入画板中，并将其图层放置在产品图层的下方，得到如图 4.11 所示的效果。

图 4.11

步骤 3 选择"文字工具",输入文案并排版。在排版过程中,主标题的文字字号要比副标题的大,并且将介绍产品特点的文字用色块的形式凸显出来,如图 4.12 所示。

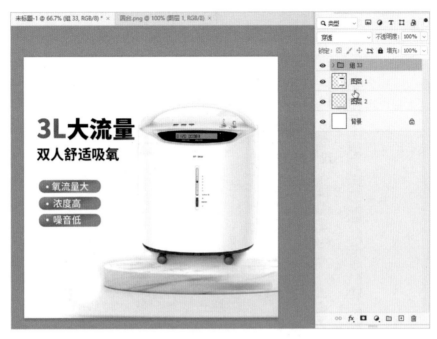

图 4.12

步骤 4 新建一个图层,放置在"背景"图层的上方,单击工具栏下方的"前景色"图标 ,在弹出的"拾色器"对话框中选择浅蓝色,单击"确定"按钮后,按 Ctrl+Delete 组合键填充蓝色背景,如图 4.13 所示。

图 4.13

步骤 5　新建一个图层，选择"套索工具" 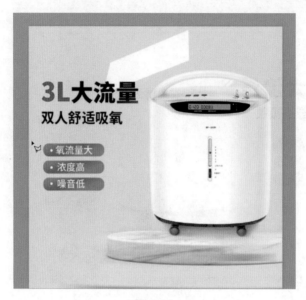，绘制白色块，如图 4.14 所示。选择菜单栏中的"滤镜"-"模糊"-"高斯模糊"选项，在弹出的"高斯模糊"对话框中设置"半径"数值，得到模糊的白色块，表现光线效果，如图 4.15 所示。剩余的光线效果全部采用同样方式制作出来。

图 4.14

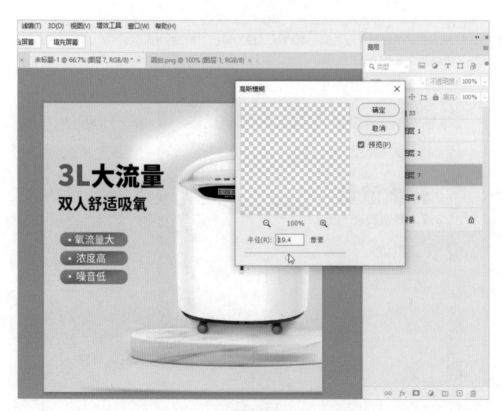

图 4.15

步骤 6　选择"矩形工具" □，在画面下方绘制一个长方形，再双击长方形的图层，在弹出的"图层样式"对话框中选中"渐变叠加"效果，如图 4.16 所示。

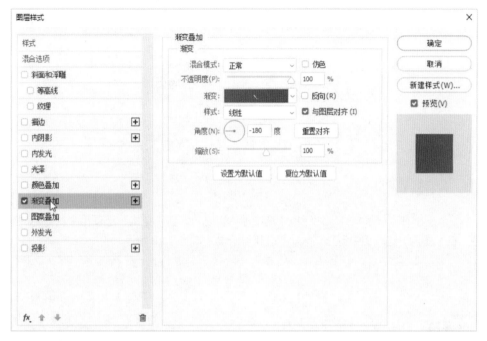

图 4.16

步骤 7　单击"渐变"右侧的色块，在弹出的"渐变编辑器"中双击滑块，在弹出的"拾色器"对话框中选择相应的黄颜色渐变，最终效果如图 4.17 所示。

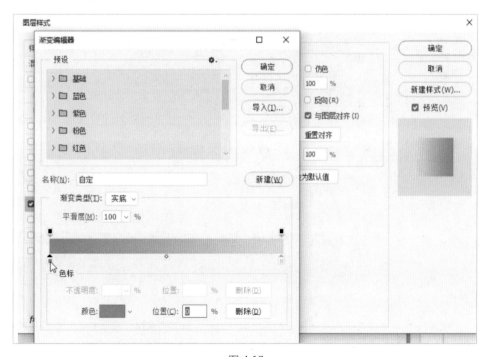

图 4.17

步骤 8 在"渐变叠加"效果下方选项中调整"角度"为 90 度，如图 4.18 所示。

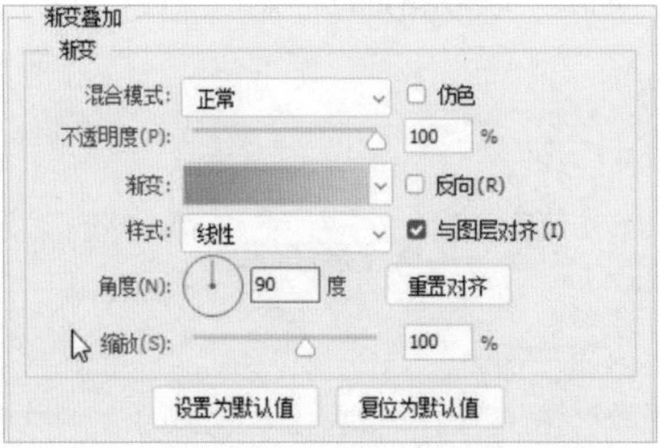

图 4.18

步骤 9 在"图层样式"对话框中选中"内发光"，在"结构"选项组中将颜色调整为白色，在"图素"选项组中调整"大小"为 24 像素，如图 4.19 所示。

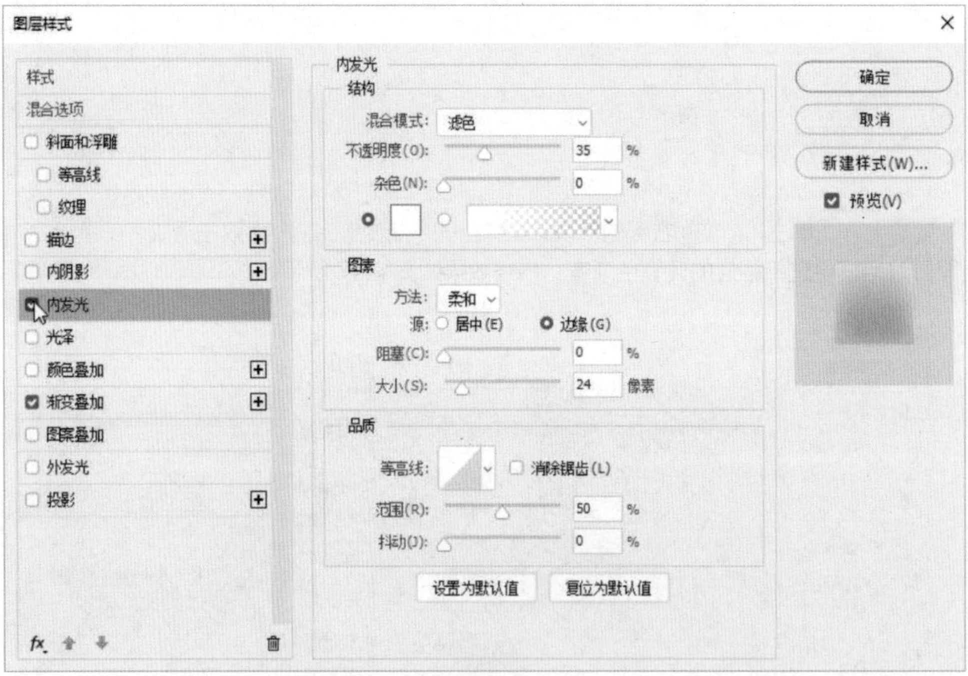

图 4.19

步骤 10 在"图层样式"对话框中选中"光泽"，"结构"选项组中的属性设置如图 4.20 所示。

⭐ **小提示**

该色块也可以直接使用木质纹理，如果没有该素材，则需要采用"图层样式"中的效果来制作。

图层样式

样式	光泽
混合选项	结构

混合模式： 正片叠底

不透明度(O): 50 %

角度(N): 90 度

距离(D): 39 像素

大小(S): 84 像素

等高线： ☑ 消除锯齿(L) ☑ 反相(I)

设置为默认值   复位为默认值

□ 斜面和浮雕
□ 等高线
□ 纹理
□ 描边 ⊞
□ 内阴影 ⊞
☑ 内发光
☑ 光泽
□ 颜色叠加 ⊞
☑ 渐变叠加 ⊞
□ 图案叠加
□ 外发光
□ 投影 ⊞

确定
取消
新建样式(W)...
☑ 预览(V)

fx ⬆ ⬇   🗑

图 4.20

步骤 11 新建一个图层，选择"钢笔工具"，在画面左下角绘制一个如图 4.21 所示的图形。

图 4.21

步骤 12 选中图形后，在属性栏上方单击"描边"，选择白颜色的描边，如图 4.22 所示。再单击"填充"，选择"渐变"，并调整下方的滑块，将其颜色改为由浅蓝到深蓝的渐变，如图 4.23 所示。

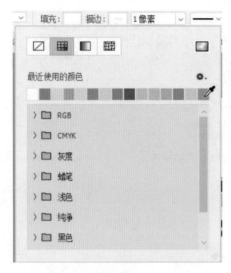

图 4.22   图 4.23

步骤 13 选择"文字工具"，输入文案，并排版到渐变框内，如图 4.24 所示。

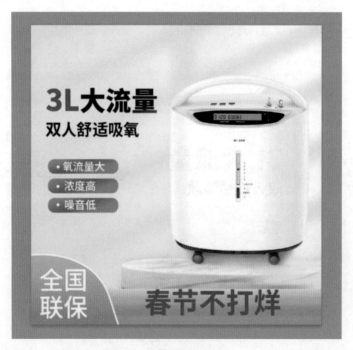

图 4.24

🔧 **小提示**

如果需要给带有效果的图层加曲线，则需要"合并"图层所有的效果。

步骤 14 拖入绿色素材，放到画面中并调整至合适的大小和位置，得到如图 4.25 所示的效果。

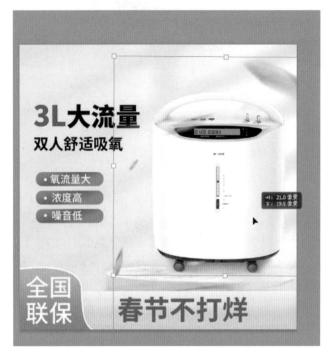

图 4.25

案例 44 | "水果 banner"设计

本案例完成的最终效果如图 4.26 所示。

图 4.26

1. 可采用添加渐变色块和相关素材的形式丰富画面中的背景。
2. 文案的排版应有一定的层次感。

重要工具

"渐变工具" ■，"圆角矩形工具" □，"文字工具" T.。

操作步骤

步骤 1　在 Photoshop 中新建一个"宽度"为 1920 像素、"高度"为 1018 像素、"分辨率"为 72 像素 / 英寸、"颜色模式"为"RGB 颜色"的画板，如图 4.27 所示。

步骤 2　选择"渐变工具"，单击属性栏中的渐变编辑器，在弹出的面板中调整两边滑块的颜色，单击"确定"按钮，如图 4.28 所示。之后在画板中用鼠标从下往上拖曳，形成渐变背景，如图 4.29 所示。

图 4.27

图 4.28

图 4.29

⭐ 小提示

使用"色相饱和度"工具可调节背景颜色的深浅。

步骤 3　选择"文字工具",输入文案。双击文字图层,在"图层样式"对话框中选中"投影",并调整参数,效果如图 4.30 所示。

图 4.30

步骤 4　将提供的葡萄素材拖进画板中,然后选择"椭圆工具",绘制白色圆形,放置在葡萄图层的下方,如图 4.31 所示。

图 4.31

步骤 5　将葡萄图层复制一份,双击图层,在"图层样式"对话框中选中"颜色叠加",在"混合模式"中选择"正常",如图 4.32 所示。选择菜单栏中的"滤镜"-"模糊"-"高斯模糊"选项,如图 4.33 所示,调整高斯模糊的参数,使阴影具有扩散的效果。

图 4.32

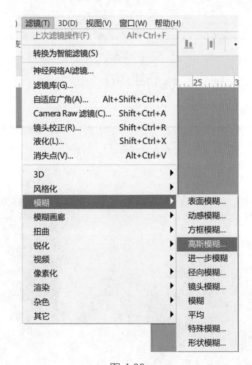

图 4.33

💡 **小提示**

当素材图层转换成"智能对象"时才能再次编辑滤镜的特效参数。

步骤 ⑥   复制一份圆形图层，缩小后双击图层，在"图层样式"对话框中选中"投影"，使盘子有一定的深度，如图 4.34 所示。

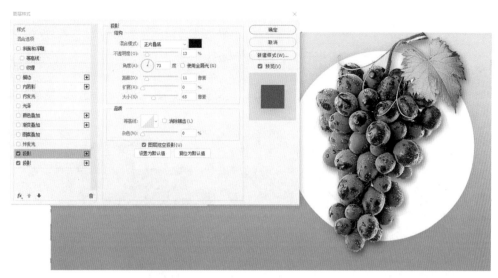

图 4.34

步骤 7 选择"圆角矩形工具",在画板中绘制一个矩形,将填充颜色改为白色,并将圆角的弧度拉大,放置在背景图层的上方,如图 4.35 所示。然后将矩形图层的透明度降低,如图 4.36 所示。

图 4.35　　　　　　　　　　　　　　　　　图 4.36

步骤 8 继续使用"矩形工具"丰富背景,如图 4.37 所示。

图 4.37

> 🌸 **小提示**
>
> 使用图层蒙版可将图层中某些不想要的地方擦除。

步骤 9 将提供的叶子素材拖入画板中，以丰富画面，如图 4.38 所示。选择"文字工具"输入副标题，如图 4.39 所示。

图 4.38

图 4.39

案例 45 "投资理财胶囊 banner"设计

本案例完成的最终效果如图 4.40 所示。

图 4.40

知识要点

1. 利用图层蒙版可以将不需要的图层擦除。
2. 做 banner 的画面设计需要将素材与文字相结合。

重要工具

"钢笔工具" ✐.，"圆角矩形工具" ▢.，"文字工具" T.，"画笔工具" ✎.。

操作步骤

步骤 1　在 Photoshop 中新建一个宽度为 1400 像素、高度为 400 像素、分辨率为 72 像素 / 英寸的画板。选择"圆角矩形工具"，单击并拖曳，创建一个长方形，如图 4.41 所示。如果创建的矩形圆角不够大，可选择菜单栏中的"窗口"-"属性"选项，在弹出的"属性"面板中调整圆角的弧度大小，如图 4.42 所示。

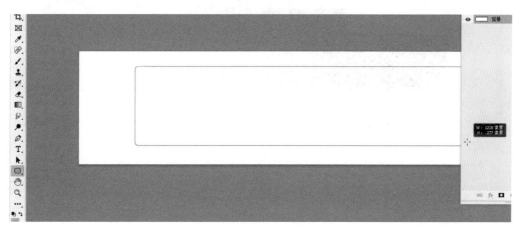

图 4.41

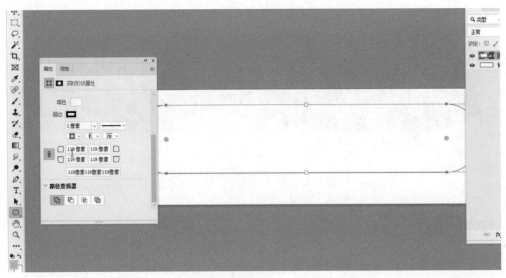

图 4.42

步骤 2 选中矩形图层，在属性栏中单击"填充"，在下拉面板中单击"渐变"图标 ▦，如图 4.43 所示。单击渐变颜色条两边的滑块，在"拾色器"对话框中选择合适的渐变颜色，得到如图 4.44 所示的效果。

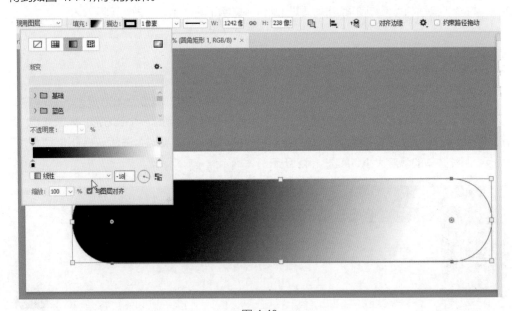

图 4.43

步骤 3 选择"文字工具"，输入所需要展示的广告语，如图 4.45 所示。

步骤 4 将红包素材拖入画板中，放置在矩形的左侧，如图 4.46 所示。

⭐ 小提示

banner 设计不只是对一段文字进行排版，还需要搭配相关的元素丰富画面。

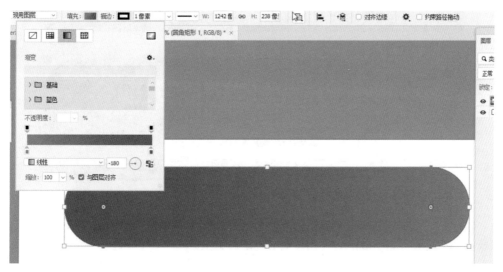

图 4.44

图 4.45

图 4.46

步骤 5 将装饰背景素材拖入画板中，移动到矩形的下方，能够展示出弧度的背景画面即可，如图 4.47 所示。

图 4.47

步骤 6 单击装饰背景素材图层与圆角矩形图层的中间位置，按住 Alt 键单击，将装饰背景素材剪切进圆角矩形的内部，如图 4.48 所示。效果如图 4.49 所示。

图 4.48

图 4.49

步骤 7 将红包素材以同样的方式剪切进圆角矩形内部，随后将红包素材复制一份，单击"添加图层蒙版"按钮 ◻ 创建蒙版，然后选择"画笔工具"，将红包素材不需要的部分擦除，如图 4.50 所示。

步骤 8 选择"钢笔工具"，在圆角矩形上方单击，随后在另一处单击并进行拖曳，形成曲线，继续使用该方法绘制一个装饰图形，如图 4.51 所示。

⭐ 小提示

在绘制过程中发现图形的弧度不够圆滑，可以框选锚点，拖拉两边的曲柄，调整弧度。

图 4.50

图 4.51

步骤 9 选中图形，将填充颜色改为由橙色到黄色的渐变，如图 4.52 所示。然后框选图形，按 Ctrl+T 组合键，调整图形的大小和位置，如图 4.53 所示。

图 4.52

图 4.53

步骤 10 选中图形的图层，按 Ctrl+J 组合键将图层复制一份，调整大小和角度，将填充颜色改为由蓝色到浅蓝色的渐变，如图 4.54 所示。

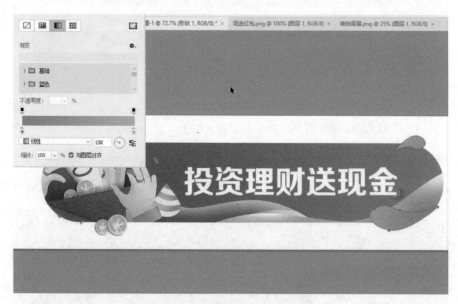

图 4.54

步骤 11 使用"钢笔工具"，用同样的方式绘制一个曲线图形，将填充颜色改为由蓝色到浅蓝色的渐变，并剪切进圆角矩形的图形中，如图 4.55 所示。

步骤 12 双击该图层，在弹出的"图层样式"对话框中选中"投影"选项，更改颜色为深蓝色，再调整不透明度，如图 4.56 所示。

步骤 13 选择"矩形工具"，绘制多个正方形，单击"创建图层蒙版"按钮 □，从上到下拖曳，形成白色透明渐变，再调整位置和大小，得到如图 4.57 所示的效果即可。

图 4.55

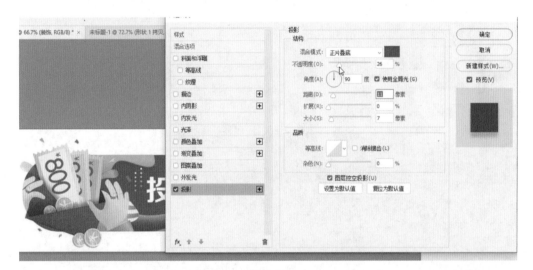

图 4.56

图 4.57

第 5 章

包装设计

包装已然成为产品的重要组成部分，好的包装既可以对产品起到保护的作用，还能够提高产品的整体形象，直接激发消费者的购买欲望。

案例 46 "黄桃罐头瓶贴"设计

本案例完成的最终效果如图 5.1 所示。

图 5.1

知识要点

1. 印刷文件的颜色模式为 CMYK。
2. 弧形文字是将文字沿着线段的路径进行排列的。
3. "剪切蒙版"的作用是用形状遮盖其他图稿的对象。

重要工具

"矩形工具" ▣,，"钢笔工具" ✐,，"文字工具" T,，"渐变工具" ▮。

操作步骤

步骤 1   在 Illustrator 软件中新建任意大小的画板，在工具栏中选择"矩形工具" ▣,，绘制一个长方形，如图 5.2 所示。

💠 **小提示**

常规的标签都有相对应的尺寸，该案例中的尺寸只做参考。

步骤 2 选择菜单栏中的"对象"-"路径"-"添加锚点"选项，在长方形的上边线中间添加一个锚点，然后选择"直接选择工具"，框选锚点，进行移动，如图 5.3 所示。

图 5.2

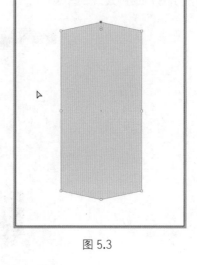

图 5.3

💠 **小提示**

使用"添加锚点"可在每两个锚点之间新增一个锚点。

步骤 3 选择"椭圆工具"，在矩形的 4 个角的锚点处绘制 4 个圆形，如图 5.4 所示。框选所有图形，按 Shift+Ctrl+F9 组合键调出"路径查找器"面板，单击"减去顶层"按钮，得到如图 5.5 所示的效果。

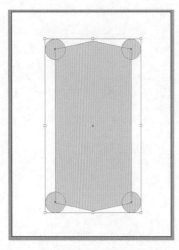

图 5.4

图 5.5

步骤 4　框选图形后，选择菜单栏中的"对象"-"路径"-"偏移路径"选项，打开"偏移路径"面板，设置数值（参数是根据图形的尺寸来设定的），如图 5.6 所示。

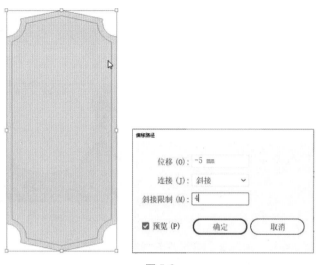

图 5.6

步骤 5　按 F6 键调出"颜色"面板，单击右上角的 ≡ 按钮，在弹出的下拉菜单中选择 HSB，调整颜色，如图 5.7 所示。

步骤 6　重复步骤 4，再扩展一个图形，单击"互换颜色和描边"图标 ↰，得到描边效果，如图 5.8 所示。

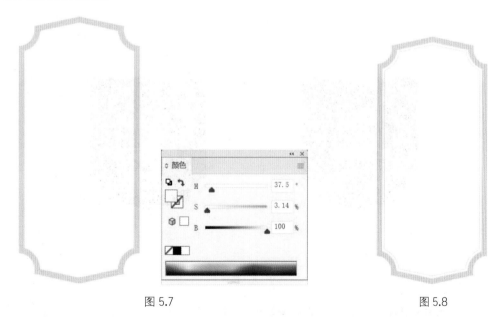

图 5.7　　　　　　　　　　　　　　　　　　　图 5.8

步骤 7　选择"矩形工具" ▢，绘制一个矩形，将描边图形和矩形都选中，单击"形状生成器工具"。当单击要保留的图形时，箭头旁边会出现"+"号，如图 5.9 所示。当单击要去除的图形时，按 Alt 键，这时箭头旁会出现"-"号，如图 5.10 所示。

步骤 8　选择"文字工具" T，输入文案，并排版到标签内，如图 5.11 所示。

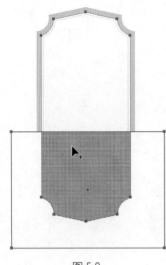

图 5.9

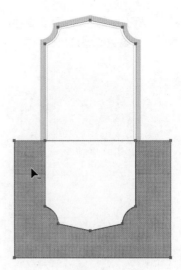

图 5.10

步骤 9　选择"钢笔工具" ，在标签下方单击 3 个锚点，框选中间锚点并拖曳圆角半径，得到弧线，如图 5.12 所示。

图 5.11

图 5.12

🔹 小提示

制作弧线的目的是让文字能够沿着路径排列。

步骤 10　选择"路径文字工具"，在弧线处单击，输入文字，并调整文字的颜色和大小，如图 5.13 所示。

步骤 11　将提供的产品素材导入 Illustrator 中，并放置在标签的中心位置，同时将

logo 和文字排列到标签的上方，如图 5.14 所示。

图 5.13　　　　　　　　　　　　　图 5.14

步骤 12　选择"钢笔工具"，绘制树叶图形。选择"渐变工具"，在菜单栏中选择"窗口"-"渐变"选项，调出"渐变"面板，调整两端的颜色及渐变的角度，如图 5.15 所示。

图 5.15

步骤 13　选中剪切的形状，选择菜单栏中的"编辑"-"复制"选项，按 F7 键调出"图层"面板，如图 5.16 所示。按 Ctrl+F 组合键粘贴刚才复制的图形，然后将图形全部选中，在菜单栏中选择"对象"–"剪切蒙版"选项，可将树叶图形剪切进矩形框中，按 Ctrl+【组合键后移两层，放置在文字下方即可。用相同的方法再添加一些树叶，效果如图 5.17 所示。

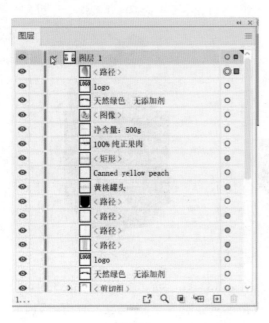

图 5.16

图 5.17

步骤 14 框选整个标签图形后按 Ctrl+C 组合键进行复制，打开提供的黄桃罐子图片，将标签图形粘贴进画板中，并调整位置和大小，如图 5.18 所示。

图 5.18

案例 47　"薯片包装袋"设计

本案例完成的最终效果如图 5.19 所示。

图 5.19

知识要点

1. 对画面做切割效果,利用鲜明的颜色进行区分,可丰富背景。
2. 产品图片可通过添加树叶、烟雾来进行装饰。
3. 将包装的主题文字设计成卡通字体更具有特色。

重要工具

"矩形工具" □,,"形状生成器工具" ,"钢笔工具" ,"星形工具" 。

操作步骤

步骤 1　打开 Illustrator 软件，新建一个画板。选择"矩形工具"，在画板上绘制一个矩形，再选择"钢笔工具"，在中间绘制一条斜线段，如图 5.20 所示。

步骤 2　框选图形和线段后，利用"形状生成器工具"将图形分割成两部分，并填充颜色，如图 5.21 所示。

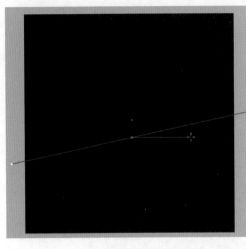

图 5.20　　　　　　　　　　　　　　　　　图 5.21

步骤 3　将提供的薯片、烟雾、树叶素材拖入画板中，并调整位置，如图 5.22 所示。

图 5.22

步骤 4　选择"钢笔工具"，绘制"薯片"文字线段，做字体设计，如图 5.23 所示。再选择"文字工具"，在画板中输入文案，并将其排版到画面中，如图 5.24 所示。

步骤 5　选择"文字工具"，输入"经典原味"4 个字，再选择"椭圆工具"，在文字上方绘制一个圆形线条。框选线条后，选择菜单栏中的"对象"–"扩展"选项，得到图形，如图 5.25 所示。

图 5.23　　　　　　　　　　　　　　　图 5.24

图 5.25

步骤 6　绘制一个长方形，使其与步骤 5 的图形对齐，再调出"路径查找器"面板，单击"减去顶层"按钮，得到如图 5.26 所示的效果。

图 5.26

步骤 7 选择"星形工具",绘制 5 个五角星,并将其排列在圆形周围,如图 5.27 所示。

图 5.27

步骤 8 绘制一个圆形线条,使其与"经典原味"文字对齐。然后选择"路径文字工具",在圆形线条处单击输入英文,并调整位置和大小,如图 5.28 所示。接着绘制一个圆形线条,将这些图形和文字包围起来,并移动到画面的合适位置,如图 5.29 所示。

图 5.28

图 5.29

步骤 9 新建一个 800 像素 x800 像素的浅蓝色背景,选择"渐变工具" ，向下拖动鼠标,形成由白色到浅蓝色的渐变效果,再使用同样的方法,在画板底部制作深蓝色的阴影效果,如图 5.30 所示。

图 5.30

步骤 10　选择"矩形选框工具"🔲，在画板中框选如图5.31所示的矩形图形，再选择"渐变工具"🔲，调整"渐变编辑器"中颜色滑块，制作浅蓝色—白色—浅蓝色的渐变效果，然后复制出 3 个矩形，形成柱子效果，如图 5.32 所示。

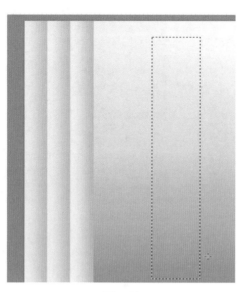

图 5.31

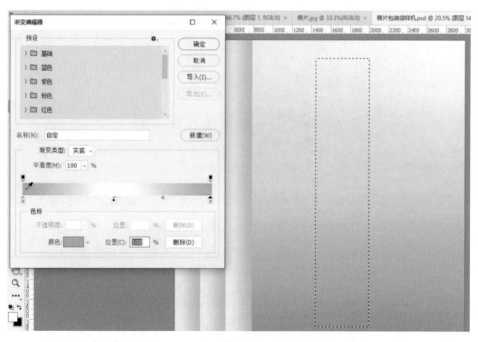

图 5.32

步骤 11　选择"套索工具"🔾，在画板中绘制 3 个矩形，注意矩形的颜色要有阴暗变化，如图 5.33 所示。

步骤 12 将包装袋的平面图导入画板中，按 Ctrl+T 组合键，当图片周围出现白色线框时右击，在弹出的快捷菜单中选择"变形"命令，随后移动锚点变形，形成如图 5.34 所示的效果。

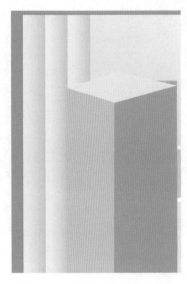
图 5.33

图 5.34

步骤 13 新建一个矩形，变形成弧形状态，随后选择菜单栏中的"滤镜"-"模糊"-"高斯模糊"选项，在弹出的"高斯模糊"对话框中调整数值后得到如图 5.35 所示的效果。

图 5.35

步骤 14 利用同样的方式新建包装的高光和阴影，将制作的白色台子和包装袋复制 3 份，调整图层的位置关系，如图 5.36 所示。随后将薯片素材分布到画板中，丰富画面。

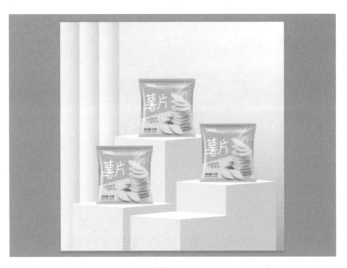

图 5.36

案例 48 "口罩包装盒"设计

本案例完成的最终效果如图 5.37 所示。

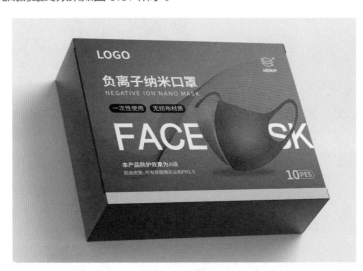

图 5.37

知识要点

1. 使用"混合工具"可以实现颜色及形状的渐变效果。

2. 将在 Illustrator 中绘制的图形导入 Photoshop 文件中会形成智能对象，双击图层可在次进入 Illustrator 软件进行编辑。

重要工具

"矩形选框工具" ▢，"文字工具" T.，"混合工具" 🐦。

操作步骤

步骤 1 在 Photoshop 中新建一个"宽度"为 4926 像素、"高度"为 3935 像素、"分辨率"为 300 像素/英寸、"颜色模式"为"RGB 颜色"的画板，如图 5.38 所示。

步骤 2 双击"前景色"图标，将填充色改为深灰色，按 Alt+Delete 组合键进行填充，得到如图 5.39 所示的效果。

图 5.38   图 5.39

步骤 3 选择"矩形选框工具"，在面板下方绘制矩形，并填充亮黄色，如图 5.40 所示。

图 5.40

步骤 4　将口罩素材拖入画板中，调整位置和大小。然后绘制一个椭圆形，同时新建图层，并填充为深黑色，将阴影图层拖曳到口罩图层的下方，如图 5.41 所示。接着选择菜单栏中的"滤镜"-"模糊"-"高斯模糊"选项，调整参数，得到如图 5.42 所示的效果。

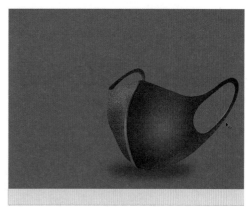

图 5.41　　　　　　　　　　　　　　　　　图 5.42

步骤 5　选择"文字工具"，输入文案，并进行排版，如图 5.43 所示。

图 5.43

💡 **小提示**

　　对文字进行排版时要注意主次关系，描述重要产品特点的文字可用深色色块来突出。

步骤 6　打开 Illustrator 软件，新建一个任意尺寸的画板，使用"钢笔工具"绘制两条曲线，如图 5.44 所示。

步骤 7　双击"混合工具"，弹出"混合选项"对话框，在"间距"下拉列表中选择"指定的步数"，将参数改为 10，如图 5.45 所示。单击两条曲线，得到如图 5.46 所示的效果。

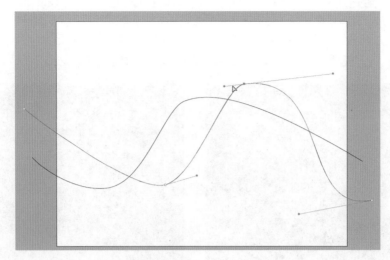

图 5.44

图 5.45

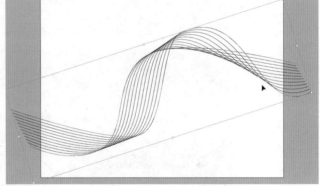

图 5.46

步骤 8　将曲线复制并粘贴到 Photoshop 画板中，调整位置和大小，然后将图层移至背景图层的上方，适当调整不透明度，如图 5.47 所示。

步骤 9　选择"文字工具"，输入"10PES"，再绘制一个圆角矩形，利用"图层蒙版"将它们组合起来，如图 5.48 所示。

图 5.47

图 5.48

步骤 10　将"3 层防护"图形拖入画板中，移动至画面的右上方，并调整背景颜色，如图 5.49 所示。按 Shift+Ctrl+E 组合键，合并可见图层。

图 5.49

步骤 11　打开本书提供的样机文件，右击"图层 1"，在弹出的快捷菜单中选择"编辑内容"选项，将做好的画面复制并粘贴进样机画板中，调整位置和大小后按 Ctrl+S 快捷键保存，然后回到样机面板中，得到如图 5.50 所示的效果。

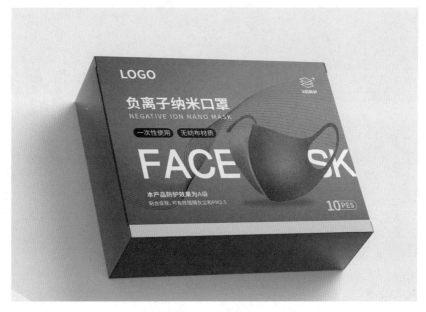

图 5.50

第 6 章

宣传册与封面设计

设计企业宣传册能够提升企业形象，拓展营销渠道，消费者也能够通过宣传册上的信息了解企业的文化和品牌，因此一本优质的宣传册能够大大提升企业的知名度。

案例
49 "企业宣传册"设计

本案例完成的最终效果如图 6.1 所示。

图 6.1

◆◆ 知识要点

1. 宣传册是印刷物料，因此设计时要选择"CMYK 颜色"模式。
2. "剪切蒙版"是一个可以用其形状遮盖其他图稿的对象。

重要工具

"矩形工具" ▢.，"形状生成器工具" ◔.，"文字工具" T.。

操作步骤

步骤 1　在 Illustrator 中新建一个宽为 18.5cm、高为 26cm 的画板。使用"矩形工具"

绘制与画板同样尺寸的长方形，再按住 Alt 键单击并拖曳，将其复制一份，如图 6.2 所示。

图 6.2

步骤 2 将二维码素材导入 Illustrator 文件中，调整位置和大小，然后使用"文字工具"输入电话和地址，并居中摆放，如图 6.3 所示。

TEL:123456789
地址:北京市东城区和平里东街11号

图 6.3

步骤 3 使用"矩形工具"绘制一个长方形,填充成蓝色,然后使用"直接选择工具"框选右上角锚点,拖拉"圆角半径"图标,形成圆角,如图6.4所示。

图 6.4

步骤 4 框选封底和长方形,选择"形状生成器工具",在多余图形处按住 Alt 键,当鼠标指针中出现"-"号时单击,删除多余图形,如图6.5所示。输入文字,以竖排的形式摆放在图形的上方,如图6.6所示。

图 6.5

图 6.6

步骤 5 重复步骤3,绘制一个图形,如图6.7所示。导入城市素材并将图片放置在图形的下方,将两者选中后,选择菜单栏中的"对象"-"剪切蒙版"-"建立"选项,得到如图6.8所示的效果。

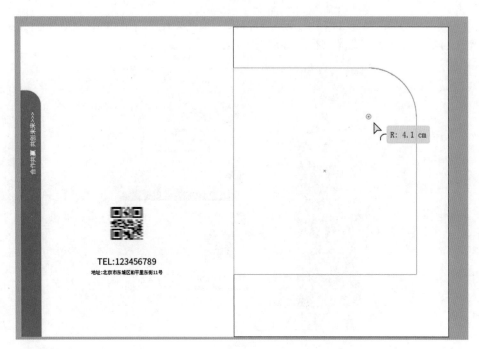

图 6.7

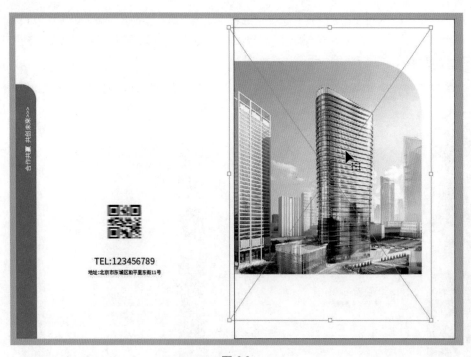

图 6.8

⭐ 小提示

单击编辑内容的图标，可调整图形里面图片的位置和大小。

步骤 6 绘制一个长方形，填充为蓝色，然后输入文字并进行排版，如图 6.9 所示。

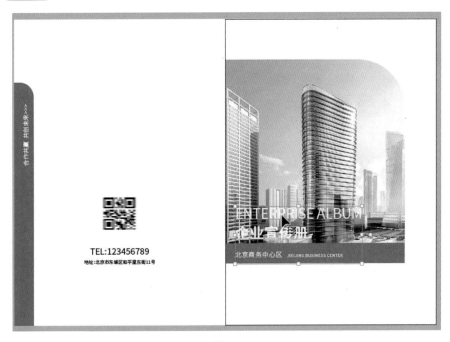

图 6.9

步骤 7 复制一份蓝色图形，降低不透明度，将图形移至"ENTERPRISE ALBUM 企业宣传册"文字下方，如图 6.10 所示。

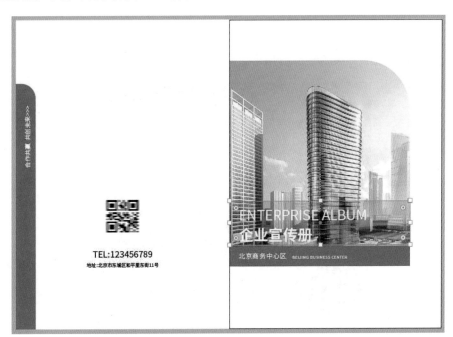

图 6.10

步骤 8 继续输入相关文字，进行排版，丰富画面，如图 6.11 所示。

图 6.11

案例 50 "散文诗集封面"设计

本案例完成的最终效果如图 6.12 所示。

图 6.12

❖❖ 知识要点

1. 被剪切的图片图层必须要在图形图层的背面，"剪切蒙版"才能起作用。
2. 使用"创建轮廓"可将文字转变成可编辑的图形。

重要工具

"矩形工具"▢，"直线段工具"╱，"钢笔工具"✎，"编组选择工具"▷。

⬚ 操作步骤

步骤 1　在 Illustrator 中新建一个宽为 18.5cm、高为 26cm 的画板。选择"矩形工具"，沿着画板框绘制一个一样大小的矩形，如图 6.13 所示。

图 6.13

步骤 2　将森林素材导入 Illustrator 画板中，选择"直线段工具"，绘制一条线段，如图 6.14 所示。将两者选中后，单击"路径查找器"中的"分割"按钮，再取消编组，得到两个独立的图形，如图 6.15 所示。

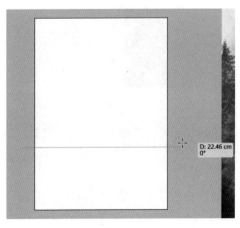

图 6.14

图 6.15

步骤 3 将上方的矩形和照片选中，执行菜单栏中的"对象"-"剪切蒙版"-"建立"命令，将图片剪切到图形中，如图 6.16 所示。

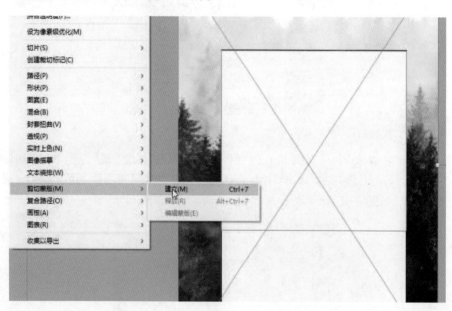

图 6.16

步骤 4 选择"文字工具"，单击并输入"云深不知处"5 个字，如图 6.17 所示。然后选择菜单栏中的"文字"-"创建轮廓"选项，将文字转变成可编辑的图形，如图 6.18 所示。

步骤 5 按 Shift+Ctrl+G 组合键取消编组，单独编辑"云"字。选择"剪刀工具"，在字右下方两个锚点处单击，将连接的线段减掉，再选择"编组选择工具"，框选被减后的图形，按 Ctrl+X 组合键剪切，然后按 Ctrl+F 组合键将其粘贴在原位置，如图 6.19 所示。

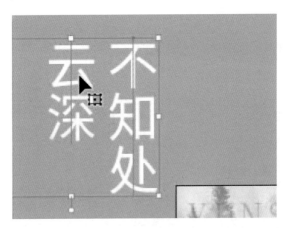

图 6.17

适合标题(H)	
解决缺失字体...	
查找字体(N)...	
更改大小写(C)	>
智能标点(U)...	
创建轮廓(O)	Shift+Ctrl+O
视觉边距对齐方式(M)	
插入特殊字符(I)	>

图 6.18

图 6.19

步骤 6　框选图形，更改颜色，重复步骤5设计剩余字体，如图6.20所示。

图6.20

⭐ **小提示**

　　5个文字竖排时会出现空白地方，可添加英文装饰画面。

步骤 7　选择"文字工具"，输入下方的文案并做左对齐排版，如图6.21所示。

图6.21

⚙ 小提示

　　文字排版过程中要注意层级关系，行间距不宜过大，可添加辅助色丰富画面。

步骤 8　选择"矩形工具"，在图片与底色之间绘制一个长方形，并填充浅褐色装饰画面，起到衔接的作用，如图 6.22 所示。

图 6.22

步骤 9　选择"矩形工具"，绘制一个长方形，再选择"钢笔工具"，在矩形边缘新增两个锚点，去除其中一个锚点，如图 6.23 所示。然后按 D 键恢复默认的白底黑描边模式，如图 6.24 所示。

图 6.23

图 6.24

步骤 10 选中图形，然后按住 Alt 键单击，将其复制一份，将图形往后移动一层，调整位置，使图形之间产生重叠效果，如图 6.25 所示。

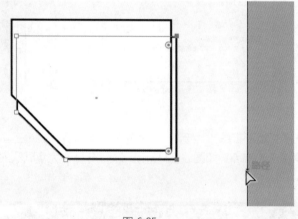

图 6.25

⬛ 小提示

重叠后若间距不一致，可利用"直接选择工具"单独选择锚点进行移动。

步骤 11 选择"矩形工具"，绘制一个宽 4cm、高 26cm 的长方形，并重复步骤 3，将图片剪切进图形中，如图 6.26 所示。

⬛ 小提示

侧面剪切的图形高度要与封面高度保持一致。

步骤 12 在图形上输入文字，并将其颜色改为白色，如图 6.27 所示。

图 6.26

图 6.27

步骤 13 新建一个 800 像素 ×800 像素的画板，导入背景素材，如图 6.28 所示。再导入设计好的书籍封面，在其图层上右击，在弹出的快捷菜单中选择"转换为智能对象"选项，如图 6.29 所示。

图 6.28   图 6.29

步骤 14 选中封面图层后，按 Ctrl+T 组合键，当图片周围出现白色线框时，移动鼠标将其缩小，如图 6.30 所示。再按 Ctrl 键，拖动四周锚点，使其形成如图 6.31 所示的透视效果。

图 6.30

图 6.31

步骤 15　导入书籍侧面图片，用同样的方法变形成如图 6.32 所示的效果。

图 6.32

步骤 16 选中封面图层后，按 Ctrl+J 组合键复制一份，如图 6.33 所示。按 Ctrl+T 组合键，然后右击，在弹出的快捷菜单中选择"垂直翻转"选项，如图 6.34 所示。

图 6.33

图 6.34

步骤 17 将翻转后的图层的不透明度调整至 50%，如图 6.35 所示。利用同样的方法将书籍侧面图片进行翻转，然后利用"添加图层蒙版"擦除多余部分，形成倒影，如图 6.36 所示。

图 6.35

图 6.36

步骤 18 将书籍封面和倒影图层全部选中，按 Ctrl+G 组合键进行编组，再按 Ctrl+J 组合键复制选组，调整大小和位置，如图 6.37 所示。

图 6.37

步骤 19 导入光效素材，调整大小和位置，效果如图 6.38 所示。

图 6.38